轻松学科学

——卫星定位与导航技术

QINGSONG XUE KEXUE
WEIXING DINGWEI YU DAOHANG JISHU

曾建奎 ◎ 编著

西南交通大学出版社
·成都·

图书在版编目（CIP）数据

轻松学科学：卫星定位与导航技术 / 曾建奎编著. —成都：西南交通大学出版社，2017.8（2021.6 重印）
ISBN 978-7-5643-5659-0

Ⅰ. ①轻… Ⅱ. ①曾… Ⅲ. ①全球定位系统 – 卫星导航 – 基本知识 Ⅳ. ①P228.4②TN967.1

中国版本图书馆 CIP 数据核字（2017）第 195513 号

轻松学科学
——卫星定位与导航技术

曾建奎　编著

责 任 编 辑	柳堰龙
封 面 设 计	严春艳
	西南交通大学出版社
出 版 发 行	（四川省成都市二环路北一段 111 号 西南交通大学创新大厦 21 楼）
发行部电话	028-87600564　028-87600533
邮 政 编 码	610031
网　　　址	http://www.xnjdcbs.com
印　　　刷	三河市同力彩印有限公司
成 品 尺 寸	170 mm×230 mm
印　　　张	8.75
字　　　数	94 千
版　　　次	2017 年 8 月第 1 版
印　　　次	2021 年 6 月第 2 次
书　　　号	ISBN 978-7-5643-5659-0
定　　　价	45.00 元

图书如有印装质量问题　本社负责退换
版权所有　盗版必究　举报电话：028-87600562

前　言

近年来，卫星导航技术越来越多地应用到日常生活以及工作中，它正在成为推动国家经济变革的大产业。但是，我国卫星导航产业面临科技工作者少、科技水平低的问题。为充分利用实现国家经济结构转型和经济发展方式改变的重大机遇，实现导航产业的高速度、跨越式、可持续发展，必须让广大普通群众和科技工作者了解这门技术，热爱这门技术。

为推动卫星导航事业的发展，让更多的初学者了解这门技术。在重庆市科学技术委员会科普出版项目的资助下，撰写了此书。图书的语言浅显易懂，摈弃枯燥专业的学术术语，方便读者理解。全书首先介绍卫星导航技术的发展历史，然后介绍它的工作原理，最后描述这门技术的发展。

全书的内容分为 6 章。第 1 章先介绍了雷达系统，然后由雷达引出了 GPS 的发展。第 2 章详细地介绍常见雷达的应用。第 3 章介绍 GPS 的组成、工作原理常见的定位方法以及信号接收机。第 4 章介绍 GPS 数据处理方法以及误差来源。第 5 章介绍其他的定位系统。第 6 章介绍 GPS 技术的应用。

本书由重庆科技学院曾建奎和刘爽共同完成。曾建奎负责了整书的构思以及第 1，2，5，6 章的编写；刘爽负责第 3，4 章的编写。感谢重庆市科技传播与普及项目对本书的资助（项目编号 cstc2016kp-ysczA0007）。感谢杨晞、杨镒丞、张红、刘廷嘉、奚港等同志对本书出版所作的贡献。

对于本书中出现的疏漏与不足恳请广大读者斧正。

作　者
2017 年 5 月

目录 Contents

第1章 认识卫星导航技术 1

    1.1 早期雷达 2

    1.2 第二次世界大战前后雷达的发展 3

    1.3 雷达的工作原理 7

    1.4 从雷达到GPS 9

第2章 雷达的作用——神奇的"眼睛" 15

    2.1 监视雷达的作用 16

    2.2 跟踪雷达的作用 17

    2.3 机械雷达的作用 18

    2.4 气象雷达的作用 19

第3章 卫星导航系统的主要组成及原理——卫星挂帅 23

    3.1 导航系统 24

    3.2 相对定位系统 32

    3.3 绝对定位原理 40

    3.4 差分GPS 42

第4章 卫星导航系统数据处理——导航技术的血液 51

    4.1 误差的分类 52

4.2 来源于卫星的误差 55
4.3 与传播途径有关的误差 59
4.4 接收设备的误差 63

第 5 章 GPS 的小伙伴们 67

5.1 中国的"北斗"卫星导航系统 68
5.2 俄罗斯"GLONASS"系统 74
5.3 欧洲"伽利略"系统 81
5.4 GSM 定位系统 85

第 6 章 卫星导航系统的应用 91

6.1 航　空 92
6.2 航　海 98
6.3 通信与导航的融合 106
6.4 人员跟踪 110
6.5 消费娱乐 113
6.6 测　绘 119
6.7 授　时 123
6.8 车辆监控管理 124

参考文献 129

第 1 章

认识卫星导航技术

1.1 早期雷达
1.2 第二次世界大战前后雷达的发展
1.3 雷达的工作原理
1.4 从雷达到 GPS

1.1 早期雷达

现代雷达起源的准确日期很难确定，因为约在20世界30年代中期，世界好几个国家几乎同时独立发明了雷达。1888年，赫兹（Heinrich Rudolf Hertz）用实验证实了雷达的基本原理。20世纪初期，德国以赫兹的实验为基础，做出了一部检测舰船的装置，并做了实验。此后很长的一段时间里，这方面没有什么进展，直到20世纪30年代中期，才有了有关目标反射无线电波的报告，雷达真正出现。然而应该指出的是，早在20世纪30年代雷达出现之前，研制雷达所需要的无线电基本工艺技术就已经为人们所掌握，一些国家已经具备了良好的无线电技术基础。30年代初期又出现了远距离军用轰炸机，它具有很大杀伤力，这就促使了用无线电探测飞机的雷达的产生。因此可以说，雷达是作为对现代轰炸机的一种对抗而发明的。

20世纪30年代，不少国家研制出来的是一种双基地连续波雷达，它的主要特征是收发天线分开而且相距很远。飞机穿过收发天线时，发射机直接传到接收机的基准信号与飞机目标散射回来的信号之间进行相拍（当时称作连续波干涉），雷达就是利用了这个多普勒相拍信号原理对飞机进行探测。尽管法国和苏联军队在他们参加第二次世界大战之前都已经有了双基地连续波雷达，但成功探测飞机的军事应用还是单基地脉冲雷达。当时的双基地雷达局限性很大。雷达的基本概念形成于 20 世纪初。但直到第二次世界大战前后，雷达才得到迅速发展。1922 年，意大利马可尼发表了无线电波可能检测物体的论文。同年，美国海军实验室利用双基地连续波雷达检测到在其间通过的木船。1925 年，美国开始研制能测距的脉冲调制雷达，并首先用它来测量电离层的高度。1936 年，美国研制出作用距离达 40 km、分辨率为 457 m 的探测飞机的脉冲雷达。1938 年，英国已在邻近法国的本土海岸线上布设了一条观测敌方飞机的早期报警雷达链 CH（Chain Home）。

1.2 第二次世界大战前后雷达的发展

起初各国家都把雷达从其原型发展和推广成某种形式的军用雷达，因而各个国家的最初发展阶段都处于保密状态。

美国陆军着手脉冲雷达研制是在 1936 年春，他们于 1936 年 12 月进行了首次外场试验，第一部实用雷达 SCR-268 是在 1938 年年底开始运转的。英国雷达的起步迟于美国，但发展很快。

苏联是从 1934 年开始发展雷达的。他们在下列三种雷达体制上进行开拓：（1）双基地连续波雷达（RUS-1），工作波长 4 m（75 MHz），收发相距 35 km，苏联军方于 1939 年 9 月验收了这部雷达；（2）脉冲雷达（RUS-2）、工作波长 4 m，最大工作距离 150 km，1940 年 7 月交付使用，用于截击机的导引；（3）实验型的各种反飞机：火控雷达，工作频率高达 2 000 MHz，作用距离 12～20 km。

法国沿着两个方向发展他们的雷达。一种是 4 m 波长的连续波雷达，在 Pierre David 指导下研制，以后演变为边境雷达警戒网中的双基地连续波实用雷达（David 早在 1928 年首先提出过这种概念）。依靠边境的多站系统，还可求出目标的轨迹和速度（如果仅单个双基地雷达，飞机穿过收发站时只能探测到目标，还不能算出位置和速度）。另一种是 16 cm 波长的微波连续波雷达。虽然 David 本人早在 1938 年 10 月曾提出过单站雷达的设想，可惜法国人在这方面没有什么进展，直到 1939 年 4 月英国人告诉了他们后才开始转向单站体制发展。

同法国与苏联相仿，德国人早在 1934 年就进行了 13.5 cm 波长的微波雷达试验，也由于功率不够而没有继续下去。曾被广泛使用的德国早期预警雷达 Freya，于 1936 年做出了第一部样机，其工作波长为 2.4 m。1938 年，第一部 125 MHz 的 Freya 雷达交付给德国海军使用，它探测飞机的作用距离为 128～240 km，波束宽度为 20°。第二次世界大战初期，德国的雷达性能较好，有一种说法说德国雷达的某些性能超过美国，另一种提供的资料说德国人的地面精密装备比谁都不差。

20 世纪 40 年代初期（在第二次世界大战期间），由于英国发明了谐振腔式磁控管，从而在先驱的 VHF 雷达发展的同时，引入了微波雷达发展的可能性。它具有窄波束宽通带的特点，克服了 VHF 的主要局限性，开拓了发展 L 波段（23 cm 波长）和 S 波段（10 cm 波长）大型地面对空搜索雷达和 X 波段（3 cm 波长）小型机载雷达的美好前景。

20世纪40年代初期，美国各方曾决定继续发展30年代盛行的VHF和UHF雷达，雷达研制的任务交给了麻省理工学院（MIT）的辐射实验室。MIT辐射实验室非常成功地利用新的微波工艺技术研制了机载、地面与舰载的各类军用雷达，大约有150种不同的雷达系统被研制成功，成为了MIT辐射试验计划的一项重大成果。

在第二次世界大战初期，德国人在发展与推广雷达使用方面曾是领先的。但在40年代初期，英美两国追了上来，战争期间德国人并没有把雷达发展作为重点，1940年年底，德国高级司令认为战争很快就会胜利结束，现有的雷达够用了，因此他们停止了研究工作，定型装备也不生产了，大批各级人员被征募入伍。这种政策一直推行到1943年年初，这时他们才认识到自己落后了，想再赶上来已经晚了。

圣彼得堡原是苏联雷达发展的主要基地，当圣彼得堡市受围和变成战场的一部分时，雷达工业基地就向东部撤退。尽管在撤退过程中损失严重，但到战争快结束阶段，苏联的几个工厂已具有生产几百部RUS-2和RUS-2C雷达的能力。

在美国，已经在战争期间发展起来的微波雷达，虽然战后仍继续发展，但步子很小，速度很慢。直到40年代末期才有了突破性的进展，进入实用阶段。单脉冲体制，由于它的高精度和有效的抗干扰性，已成为当今有用的基本的跟踪雷达体制。几乎所有现代对空搜索雷达中都采用了动目标显示技术，以保证从地物杂波和海面杂波中检测出有用的活动目标（飞机）。

40年代末期，McGraw-Hill图书公司出版了28卷雷达丛书，它详尽地包括了第二次世界大战期间MIT辐射实验室在微波雷达研究方面的出色成就。遗憾的是，第二次世界大战期间发展起来的其他雷达没有像MIT那样被记载下来。

50年代代表雷达发展的一个动向是：又回到较低频段——VHF和UHF。40年代，曾有过从HF和VHF向微波快速发展的趋势，高达K波段（1 cm波长）。然而为了探测远距离的飞机与洲际导弹，回过头来又选用了VHF和UHF频段，因为在这两个频段内，可获得兆瓦级的平均功率，线性尺寸为大天线，另外MT和抗雨滴杂波也都比高频段好。在这十年中，还研制出了观察月球、极光、流星和金星的各种大型雷达。也是在这十年中，高功率速调管放大器首次在雷达中获得应用，它使雷达体系结构产生了巨大变化。与以往磁控管相比，它不但使功率幅值提高了约两个数量级，而且还可选用更复杂的发射波形（过去是简单的非相干脉冲序列），还允许多管并联。

雷达理论在50年代有了很大的进展。在此之前，雷达设计基本上是根据工程经验、技巧和人们判断进行的。雷达理论的引入使雷达设计具有比以往更扎实的基础。幸运的是，新发展的雷达理论与多年积累起来的工程实践经验并没有多大的矛盾，相反，它使工程经验更具有信赖性，还从理论上阐明了雷达技术的潜在极限，虽然不少理论工作在50年代还处于保密阶段，不能公开发表，但是雷达理论在工程设计中已经起到重要作用，已经被广大雷达工程师们所采用。归纳起来，这个时期所发明的雷达理论概念有如下几个方面：匹配滤波器、统计监测理论、模糊函数、动目标显示（MIT）理论。

60年代后期，数字技术的日益成熟引起了雷达信号处理的革命，直到今天这场革命还在继续。在以模拟技术为主的时候，雷达只能有限地被应用，只有数字处理技术才能使雷达理论付诸实践。目前，除了个别的模拟脉压器件外，雷达信号分析与数据处理几乎全部可用数字化来实现了。

1.3 雷达的工作原理

雷达技术就是利用电磁波对目标进行测向和定位。它发射电磁波对目标进行照射并接收其回波，经过处理来获取目标的距离、方位和高度等信息。雷达主要由天线、发射机、接收机（包括信号处理机）和显示器等部分组成。

雷达发射机产生足够的电磁能量，经过收发转换开关传送给天线。天线将这些电磁能量辐射至大气中，集中在某一个很窄的方向上形成波束，向前传播。电磁波遇到波束内的目标后，将沿着各个方向产生反射，其中的一部分电磁能量反射回雷达的方向，被雷达天线获取。天线获取的能量经过收发转换开关送到接收机，形成雷达的回波信号。由于在传播过程中电磁波会随着传播距离而衰减，雷达回波信号非常微弱，几乎被噪声所淹没。接收机放大微弱的回波信号，经过信号处理机处理，提取出包含在回波中的信息，送到显示器，显示出目标的距离、方向、速度等。

为了测定目标的距离，雷达准确测量从电磁波发射时刻到接收到回波时刻的延迟时间，这个延迟时间是电磁波从发射机到目标，再由目标返回雷达接收机的传播时间。根据电磁波的传播速度，可以确定目标的距离公式为：

$$S=CT/2$$

式中：S 为目标距离；T 为电磁波从雷达发射出去到接收到目标回波的时间；C 为光速。

雷达测定目标的方向是利用天线的方向性来实现的。通过机械和电气上的组合作用，雷达把天线的小事指向雷达要探测的方向，一旦发现目标，雷达读出此时天线小事的指向角，就是目标的方向角。两坐标雷达只能测定目标的方位角，三坐标雷达可以测定方位角和俯仰角。

测定目标的运动速度是雷达的一个重要功能。雷达测速利用了物理学中的多普勒原理：当目标和雷达之间存在着相对位置运动时，目标回波的频率就会发生改变，频率的改变量称为多普勒频移，用于确定目标的相对径向速度。通常，具有测速能力的雷达，例如脉冲多普勒雷达，要比一般雷达复杂得多。

雷达的技术参数主要包括工作频率（波长）、脉冲重复频率、脉冲宽度、发射功率、天线波束宽度、天线波束扫描方式、接收机灵敏度等。技术参数是根据雷达的战术性能与指标要求来选择和设计的，因此它们的数值在某种程度上反映了雷达具有的功能。例如，为提高远距离发现目标的能力，预警雷达采用比较低的工作频率和脉冲重复频率，而机载雷达则为减小体积、重量等，使用比较高的工作频率和脉冲重复频率。这说明，如果知道了雷达的技术参数，就可在一定程度上识别出雷达的种类。雷达的用途广泛，种类繁多，分类的方法也非常复杂。我们通常可以按照雷达的用途分类，如预警雷达、搜索警戒雷达、无线电测高雷达、气象雷达、航管雷达、引导雷达、炮瞄雷达、雷达引信、战场监视雷达、机载截击雷达、导航雷达以及防撞和敌我识别雷达等。

1.4 从雷达到 GPS

雷达作为早期定位工具，为人们的工作生活提供了巨大的便利。但是，它也有自己的缺点，比如成本过高，定位精度较差等。受到雷达的工作原理启发，人们发明了 GPS 定位系统。进一步改善了定位的精度，降低成本。

1.4.1 GPS 系统及构成

全球定位系统（Global Positioning System，GPS）是美国国防部为军事目的而研制的导航定位授时系统，旨在彻底解决陆地、海上和空中运载工具的导航和定位问题。该系统从 1973 年开始设计研制，在经过了方案论证、系统试验后，于 1989 年开始发射工作卫星，1994 年全部建成并投入使用。GPS 利用围绕地球的 24 颗卫星发射信号进行经纬度和高度的定位，最早是为了在海军军舰上进行海上定位使用。GPS 围绕地球的 24 颗卫星成互差 120°的平面排列。也就是说理想状态下我们同时应该能够接收到 12 颗卫星所传来的信号。

GPS 卫星同时发射两种码：一种为 P 码，我们称之为细码；一种是 C/A 码，我们称之为粗码。P 码的精度非常高，通常可以控制在误差 3 m 以内，但只为军方服务。而我们使用的为 C/A 码，精度在 14 m 以内。

我们知道，如果知道两个坐标点，我们可以确定一个平面内的一点，如果知道三个坐标点我们就能够知道空间当中的任意一点位置。而 GPS 可以利用三颗卫星进行经纬度 X，Y 的定位，而四颗卫星可以进行经纬度和高度 X，Y，Z 三维定位，四颗卫星中三颗进行坐标定位，一颗卫星进行时钟校正。

1.4.2　完整的 GPS 包括三部分

1. 空间部分

GPS 的空间部分由 24 颗卫星组成（21 颗工作卫星，3 颗备用卫星），它位于距地表 20 200 km 的上空，均匀分布在 6 个轨道面上（每个轨道面 4 颗），轨道倾角为 55°。卫星的分布使得在全球任何地方、任何时间都可观测到 4 颗以上的卫星，并能使用在卫星中预存的导航信息。GPS 的卫星因为大气摩擦等问题，随着时间的推移，导航精度会逐渐降低。

2. 地面控制系统

地面控制系统由监测站（Monitor Station）、主控制站（Master Monitor Station）、地面天线（Ground Antenna）所组成，主控制站位于美国科罗拉多州春田市（Colorado

Spring）。地面控制站负责收集由卫星传回的讯息，并计算卫星星历、相对距离、大气校正等数据。

3. 用户设备部分

用户设备部分即 GPS 信号接收机。其主要功能是能够捕获到按一定卫星截止角所选择的待测卫星，并跟踪这些卫星的运行。当接收机捕获到跟踪的卫星信号后，就可测量出接收天线至卫星的伪距离和距离的变化率，解调出卫星轨道参数等数据。根据这些数据，接收机中的微处理计算机就可按定位解算方法进行定位计算，计算出用户所在地理位置的经纬度、高度、速度、时间等信息。接收机硬件和机内软件以及 GPS 数据的后处理软件包构成完整的 GPS 用户设备。GPS 接收机的结构分为天线单元和接收单元两部分。接收机一般采用机内和机外两种直流电源。设置机内电源的目的在于更换外电源时不中断连续观测。在用机外电源时机内电池自动充电。关机后，机内电池为 RAM 存储器供电，以防止数据丢失。目前各种类型的接收机体积越来越小，质量越来越轻，便于野外观测使用。其次则为使用者接收器，现有单频与双频两种，但由于价格因素，一般使用者所购买的多为单频接收器。

我们通常所说的 GPS 往往只有用户设备部分，它通过接收天空不同位置的三颗以上的卫星信号，测定手持机所在的位置。

1.4.3 GPS 定位的基本原理及系统运作方式

1. GPS 卫星星历及坐标系统

GPS 定位处理中，卫星轨道通常是已知的。卫星轨道信息用卫星星历描述，具体形式可以是卫星位置（和速度）的时间列表，也可为一组以时间为引数的轨道参数。按提供方式又可分为预报星历（广播星历）和后处理星历（精密星历）。卫星的位置（和速度）及用户定位计算的点位（未经坐标转换时）都是在协议地球坐标系[或叫地固系（ECEF）]中表示的，其原点在地球质心，正 z 轴指向协议平均地极（CTP），正 x 轴指向赤道上的经度零点（格林尼治平均天文台），y 轴与 z 轴和 x 轴构成右手坐标系。GPS 定位中 WGS-84 坐标系和 ITRF 坐标系均属地固系。另外，GPS 系统主控站维持有专门的时间系统，称为 GPS 时，这是一种连续且均匀的时间系统，原点为 1980 年 1 月 6 日 0 时 UTC，单位同国际单位制（SI）时间的秒定义，其后 GPS 时不受跳秒影响。

2. GPS 定位的基本观测量及基本定位原理

GPS 卫星中采用了现代数字通信技术，运用多级反馈移位寄存器产生伪随机噪声码（Pseudo Random Noise，PRN），这种伪随机码形成各 GPS 卫星的两种测距码，即 C/A 码和 P 码（或 Y 码）；此外，GPS 卫星所播发的信号中还包括载波信号和数据码（或称 D 码）。这三种信号分量都是在 10.23 MHz 的基本频率控制下产生的。其中数据码包含有关卫星星历、卫星工作状态、时间、卫星钟运行状况、轨道摄动改正等导航信息。GPS 卫星以 L 波段中的两种不同频率的电磁波为载波：

L1 载波频率为 10.23×154 MHz=1,575.42 MHz；

L2 载波频率为 10.23×120 MHz=1,227.6 MHz；

P 码频率为 10.23 MHz；

C/A 码频率为 10.23/10=1.023 MHz；

数据码频率为 10.23/10/1023/20=50 Hz。

GPS 定位中的基本观测量包括伪距和载波相位。接收机在跟踪卫星信号时，机内同时产生被跟踪卫星的码信号的复制码。为将该复制码和进入到接收机内的卫星信号对齐（相关），码跟踪环路产生时移和多普勒频移；至两信号对齐时所需的时移乘以光速，即为伪距。其中包含了卫星和接收机时间系统的偏差，以及卫星信号在电离层和对流层中传播引起的时延。由 GPS 定位系统中卫星的布设可知，任何时刻于任何地点均可获得至少 4 颗卫星的观测量，因而通过该系统的伪距观测量随时可获得空间定位结果。这种定位称为单点定位或绝对定位，其实质是测量学中的空间距离后方交会，由此可说明 GPS 定位的基本原理。载波相位是指接收到的具有多普勒频移的载波信号与接收机产生的参考载波信号之间的相位差。由于无法直接测定载波信号在传播路线上的相位变化的整周数，故存在整周不定性问题。另外由于观测环境等影响因素，其中还会产生整周跳变，因而与伪距观测定位相比，数据处理变得复杂，往往难以实现单次观测定位，不过由于相位观测量的精度比伪距观测值的精度高得多，它被用作相对定位，即精确地求定一点相对于另外一点的位置和精度。相对定位是指给定至少一个已知点坐标，用两台或多台 GPS

接收机的观测数据推求其余未知点坐标参数的定位方法。它与绝对定位一起构成了 GPS 定位的两种基本模式。由于绝对定位可直接实时地获取观测点的地理坐标，因而该方法被广泛地应用于飞机、船舶及车辆等运动载体的导航和调度，以及在 GIS（地理信息系统）中用作点位数据的采集等。相对定位由于其精度高，因而在大地测量、地球动力学和许多其他应用场合中需要采用这种定位模式。

第 2 章

雷达的作用——神奇的"眼睛"

2.1 监视雷达的作用
2.2 跟踪雷达的作用
2.3 机械雷达的作用
2.4 气象雷达的作用

2.1 监视雷达的作用

监视雷达指连续观测一个地区或空间的雷达，主要包括地面防空监视雷达（固定式和移动式）、舰载对空。监视雷达是雷达中最重要的一个大类，其品种数量、技术占有全面性和应用范围等在各类雷达中均属首位。几乎各个主要的独立国家，都有自己的国家防空系统，监视雷达是防空系统中的主要装备。

地面监视雷达一般采用正弦调频连续波、伪随机二相编码、复合调制的连续波、脉冲多普勒、中断连续波等体制。LD-JX 雷达采用的脉冲多普勒体制虽然最为先进，但是器件复杂，质量大，而且需要高峰值功率发射机，因而能够使用这种体制的雷达，往往具有高水平的发射机和信号处理器件，也能够证明其军用电子工业的总体实力。LD-JX 雷达还采用了固态发射机。

固态发射机通常由几十个甚至几千个固态发射模块组成，应用先进的微波单片集成电路和优化设计的微波网络技术，可将多个微波功率器件、低噪声接收器等组合成固态发射模块或固态收发模块，具有寿命长、可靠性高、体积小、质量轻、工作频带宽、效率高、系统设计和运用灵活、维护方便、成本低等优势，但是对于微波集成电路的研制和制造水平具有较高要求，也是固态有源相控阵雷达的关键技术。监视雷达主要用于重点监视区域（机场、工地、仓库、无人采油区等），对人员、车辆等地面活动目标提供全天候监视。

它的应用方式为：根据特定的环境应用，可以选择不同的扇扫模式进行区域监视，当雷达发现目标后，以无线方式传给远程监控终端。操作手根据情况可以在远程终端上控制雷达停止转动，并调整距离通道和方位角度，同时监听多普勒信号声音，实现目标的跟踪识别。

中国早期雷达多采用行波管等电子管发射机，而最近几年新研制的雷达绝大多数都使用固态发射机，说明中国军用电子工业已经走出了苏联雷达设计的阴影，经过跨越式发展，综合实力达到国际先进水平。LD-JX 型、JY-17A 型等活动目标监视雷达的研制成功、装备和出口，既是中国军用电子工业实力的证明，也为国内和国外用户提供了一种比光学侦察手段搜索能力更强、覆盖范围更大的战术侦察手段，对未来陆军作战样式转型产生了积极的影响。

2.2 跟踪雷达的作用

跟踪雷达是能连续跟踪一个目标并测量目标坐标的雷达。它还能提供目标的运动轨迹。跟踪雷达一般由距离跟踪支路、方位角跟踪支路和仰角跟踪支路组成。它们各自完成对目标的距离、方位和仰角的自动跟踪，并连续测量目标的距离、方位和仰角。相干脉冲多普勒跟踪雷达还具有多普勒频率跟踪的能力，并能测量目标的径向速度。

跟踪雷达对目标方位、仰角的自动跟踪，就是雷达天线追随目标运动而连续地改变其指向,使天线电轴始终指向目标。实现这一追随过程,需要在雷达和目标之间建立闭环反馈控制。当雷达自动跟踪一个目标时,某一瞬时因目标运动到一个新的位置而偏离了天线电轴指向,便在目标与天线电轴指向之间产生一个夹角,称为角误差。角误差使天线系统有误差信号输出,接收机对误差信号进行放大和变换后送到天线的方位、仰角驱动放大器的输入端,经功率放大后控制方位、仰角驱动电机,改变天线电轴指向,使天线电轴重新瞄准目标。这就是雷达对目标的角坐标自动跟踪过程,包括角误差信息提取、误差信号处理和对天线电轴指向的控制。跟踪雷达因角误差信息提取方法不同而形成几种不同的测角体制或类型。

距离自动跟踪是基于比较目标回波脉冲与测距波门之间的时间差(时间差与距离差有严格的对应关系)的原理。比较出时间差,就可以控制测距波门移动到目标回波距离上,即完成对目标的距离跟踪。

2.3　机械雷达的作用

普通雷达的波束扫描是靠雷达天线的转动而实现的,又称为机械扫描雷达。从第二次世界大战期间诞生的第一部机载雷达,到今天装备在新型战斗机上的有源相控阵雷达,机载雷达已成为发展空战能力的重要技术装备,它的性能是否卓越往往比战机本身的性能更能决定空战的胜负。

2.4 气象雷达的作用

美国曾在俄克拉荷马、堪萨斯、沃思堡、蒙内特四个雷达站进行规模较大的"D/RADEX"计划试验，目的是对这四个站的雷达资料进行数字化处理、传递、拼合和应用，并发展一种合适的设备。在所使用的 WSR-75 雷达上配备了 VIP，再通过计算机，将输入的雷达资料由极坐标转换成地理坐标，然后集中并转换到所使用的天气图纸的坐标中去，这样的处理给出了大面积的降水分布数字化的资料，同时还给出了移动方向和速度的数据。试验中还将这样处理后的雷达资料和卫星观测到的云图资料拼合到一张图上。气象雷达在经过 30 年的发展后，尽管一些新技术取代了它的一些观测手段（如雷达早期探测的重要目标之一——台风，目前更多地应用气象卫星来进行观测和警戒；又如激光测云技术的出现，使得对测云雷达的要求不是那样迫切了），造成它的发展方向有了一些变化，但随着一些新的应用方面出现（如为水文目的定量测定降水量，高空飞行中对晴空湍流的探测等），以及日常气象观测上要求的提高，气象雷达仍处在一个较好的发展进程中。气象雷达大致有下面几个发展趋势：

（1）雷达本身的精确、稳定、可靠和轻型化：对于雷达性能基本参数，20 世纪 60 年代制造的一些气象雷达基本上已满足了要求，但在精确、稳定程度上不够，而这些要求对定量化是很重要的。目前一些实验室正在采用 iPn

衰减器的自动灵敏度调节的试验来使雷达达到稳定，另外一些则采用计算机对雷达的发射功率、灵敏度监控来实现雷达测量的定量化。在一些新的气象雷达上稳定性能已大有改观，像 1973 年仪器观测方法委员会开会期间展出的美国的 WR-100-5 型的气象雷达，整机稳定在 1 分贝以内（早期的 WSR-75 雷达约为 3 分贝）。性能可靠、减少维修时间也是发展目标之一。WR-100-5 型雷达采用了固态电路，其无维修时间隔约为 100 小时。设备的体积和质量要求减小，最近制造的一些气象雷达在天线部分采用了固态的伺服系统和印刷电机等新技术，天线及基座的重量减轻到四五百千克以下，而相同波束宽度的早期气象雷达差不多有二三吨重。

（2）观测资料的自动化、数字化处理：近来，在这方面花了很大的力量，一些较为简单的处理已完成，如上面提到的维护和使用小型计算机的处理器。目前正在进行为了更进一达站的日益增多，这方面的工作肯定需要发展的。

密里根大学发明了一种设备，使 50 kHz 的天电探测和雷达的探测同时在一个荧光屏上显示，对雷暴进行研究。

（3）专用的资料处理设备：国外为了其他使用单位的需要，还设计了一些为气象雷达配备的专用处理机。日本三菱公司为东京电力公司设计了一种雷暴警报的雷达系统，通过雷达对降水云体进行观测，然后把观测到的资料送到一个小型的专用计算机，根据预先给出的可能出现雷暴时回波参数的阀值，处理后可在显示板上指出东京地区哪一处的电力网可能遭到雷击，以便采取措施。英国气象局及其他一些部门在英国的威尔士进行称为"De"计划的试验，目的是研发一种雷达资料的积累处理设备，将雷达观测到的降水回波资料处理成降水强度，再积累成降水量，得出江河流域的降水量分布和总量，提供给水利部门用来控制江河的流量和水库的蓄放水。初步试验表明，处理后的降水量分布约等于密度为 25 平方千米的一个雨量站的网得到的降水量分布。另外，美国的一些公司还设计了一种供人工降雨试验用的雷达系统，除了取得降水分布的定量数字的结果，还可以将飞机作业的轨迹用打印机记载下来，以检查作业效果。

（4）脉冲多普勒雷达方面的发展：脉冲多普勒雷达自 20 世纪 60 年代初期试制后，研究部门运用它进行了不少的工作，但到目前为止，还没有一部正式被台站采用。其原因之一是探测的距离较短，而更重要的是资料处理复杂，无法实时取得观测结果，目前研究部门正在积极地着手解决这一问题。美国空军剑桥研究实验室研制了一种脉冲多普勒雷达的平面切变显示器的显示系统，可以实时地从显示出来的回波图像判断降水中风场的环流结构。美国强风暴实验室（NSSL）也研制了一种脉冲多普勒雷达 WDS-17，可以实时地在荧光屏上显示出沿雷达径向上的平均风速分布。随着实时显示的解决，脉冲多普勒雷达将在业务上得到广泛的应用。

（5）新的雷达探测技术的研究：随着航空事业的发展，对晴空湍流（CAT）的探测日益迫切，运用雷达对晴空湍流进行探测是一种可行的方法，英国研制了大功率、超灵敏度的雷达对大气湍流进行探测，美国海军电子实验室研制了一种 FM-CW 雷达，可以对晴空湍流的细致结构和高度做精确的测定。在应用上，波音飞机公司已在飞机上试验安装了 5 cm 的雷达来测定晴空湍流，便于飞机在飞行时及时躲避。在对局地强风暴（冰雹、龙卷等）的研究中，也发展了新的气象雷达，美国的国家冰雹研究计划正在试制双波长雷达探测冰雹。加拿大则从偏振雷达方面着手来探测冰雹，设备已经试制成功。随着电子技术的发展、计算机的普遍使用，气象雷达设备正在飞速发展，设备的发展必然会扩大雷达气象学所研究的范围，气象雷达应用的领域将会越来越宽广。

第 3 章

卫星导航系统的主要组成及原理
——卫星挂帅

3.1 导航系统

3.2 相对定位系统

3.3 绝对定位原理

3.4 差分 GPS

3.1 导航系统

何为导航？导航是一个技术门类的总称，是引导飞机、船舶、车辆以及个人（及运载体）沿着选定的路线，到达目的地的一种手段。因此导航的基本功能就是引导我们去目的地。

导航是一门古老的学问。纵观整个导航发展史，最古老、最简单的导航方法是星历导航，即人类通过观察星座的位置变化来确定自己的方位。经考古发现，人类的祖先早在 17 000 年前的古石器时代就发明了利用天上的恒星进行导航的手段，特别是利用北极星来确定方向，这就是最早的导航方法。

1761 年，英国人 John Harrison 经过 47 年的艰苦工作发明了最早的航海表。在其随后的两世纪，人类通过综合地利用星历知识、指南针（罗盘，图 3-1-1）和航海表来进行导航和定位。

1957 年 10 月 4 日，世界上第一颗人造地球卫星发射成功，标志着空间科学技术的发展进入到了一个崭新的时代。随着人造地球卫星的不断入轨运行，利用人造地球卫星进行定位测量已成为现实。

图 3-1-1 罗盘

3.1.1 导航分类

导航是利用电学、磁学、声学、光学、力学等方法，通过测量与运载位置有关的参数来实现对运载体的定位，并从出发点预定的线路，安全、准确、经济地引导运载体到达目的地的一门技术。

能完成一定导航任务的完整设备，称为导航系统。目前导航系统有无线电导航系统、惯性导航系统、卫星导航系统、天文导航系统、组合导航系统、综合导航系统、地形辅助导航系统等。这里只卫星导航系统。

卫星导航是利用卫星播发的无线电信号进行导航定位的技术。卫星导航以卫星为空间基准点，向用户终端播发无线电信号，从而确定用户的位置、速度和时间。它不受气象条件、航行距离的限制，且导航精确高。目前，全球主要的有四大卫星导航系统：

（1）全球定位系统（GPS）：这是一个由覆盖全球的24颗卫星组成的卫星系统。这个系统可以保证在任意时刻，地球上任意一点都可以同时观测到4颗卫星，以保证卫星可以采集到该观测点的经纬度和高度，以便实现导航、定位、授时等功能。全球定位系统（GPS）是20世纪70年代由美国陆海空三军联合研制的新一代空间卫星导航定位系统。其主要目的是为陆、海、空三大领域提供实时、全天候和全球性的导航服务，并用于情报搜集、核爆炸监测和应急通信等一些军事目的。如图3-1-2所示。

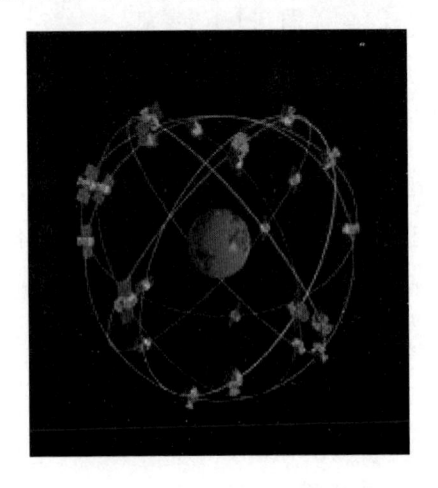

（a）

（b）

图 3-1-2　GPS 卫星定位系统

（2）俄罗斯 GLONASS 卫星导航系统：该系统最早开发于苏联时期，后由俄罗斯继续该计划。俄罗斯 1993 年开始独自建立本国的全球卫星导航系统。该系统于 2007 年开始运营，当时只开放俄罗斯境内卫星定位及导航服务。到 2009 年，其服务范围已经拓展到全球。该系统主要服务内容包括确定陆地、海上及空中目标的坐标及运动速度信息等。

（3）欧洲伽利略卫星导航定位系统：伽利略卫星导航系统（Galileo Satellite Navigation System），是由欧盟研制和建立的全球卫星导航定位系统，该计划于 1999 年 2 月由欧洲委员会公布，欧洲委员会和欧空局共同负责。系统由轨道高度为 23 616 km 的 30 颗卫星组成，其中 27 颗工作星，3 颗备份星。卫星轨道高度约 2.4 万千米，位于 3 个倾角为 56°的轨道平面内。2014 年 8 月，伽利略全球卫星导航系统第二批一颗卫星成功发射升空,太空中已有的 6 颗正式的伽利略系统卫星,可以组成网络,初步发挥地面精确定位的功能。

(4)中国的北斗卫星导航系统:中国北斗卫星导航系统(BeiDou Navigation Satellite System,BDS)是中国自行研制的全球卫星导航系统,是继美国全球定位系统(GPS)、俄罗斯格洛纳斯卫星导航系统(GLONASS)之后第三个成熟的卫星导航系统。北斗卫星导航系统(BDS)和美国 GPS、俄罗斯 GLONASS、欧盟 GALILEO,是联合国卫星导航委员会已认定的供应商。

在这四个主要的导航系统中,我们将以全球定位系统(GPS)为主,为读者介绍导航系统的大概组成以及原理。

3.1.2 全球定位系统(GPS)

自 1995 年实现全面运行能力以来,GPS 系统通过提供全球覆盖的定位、导航与授时服务,为人们的生活带来了巨大便利。从飞机的导航与精密进场着陆,到汽车的路线指示,再到各种五花八门的个人定位服务,可以说 GPS 的应用无处不在。

GPS 是一个由覆盖全球的 24 颗卫星组成的卫星系统。这个系统可以保证在任意时刻,地球上任意一点同时观测到 4 颗卫星,该观测点可以通过接收到的信号计算出经纬度和高度,以便实现导航、定位、授时等功能。这项技术可以用来引导飞机、船舶、车辆以及个人,安全、准确地沿着选定的路线,准时到达目的地。

3.1.3 导航系统的组成

GPS 全球定位系统由空间系统、地面控制系统和用户系统三大部分组成（图 3-1-3）。其空间系统由 21 颗工作卫星和 3 颗备份卫星组成，分布在 20 200 km 高的 6 个轨道平面上，运行周期 12 小时。地球上任何地方任一时刻都能同时观测到 4 颗以上的卫星。

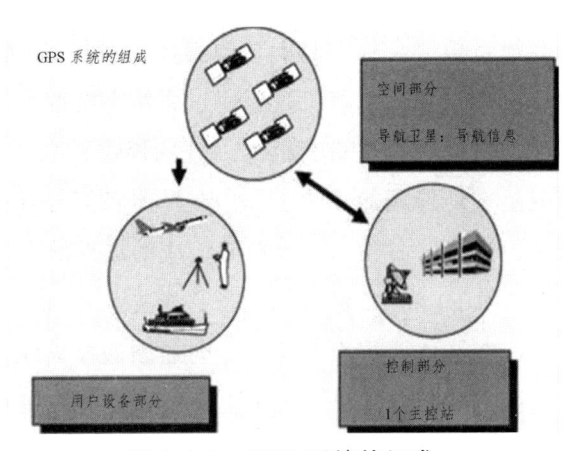

图 3-1-3　GPS 系统的组成

1. GPS 卫星星座

21 颗正式的工作卫星+3 颗活动的备用卫星，6 个轨道面，平均轨道高度 20 200 km，轨道倾角 55°，周期 11 h 58 min（顾及地球自转，地球-卫星的几何关系每天提前 4 min 重复一次）保证在 24 小时、在高度角 15°以上，能够同时观测到 4 至 8 颗卫星。

1) GPS 卫星作用

① 发送用于导航定位的信号。

② 其他特殊用途，如通信、监测核暴等。

③ 主要设备：原子钟（2 台铯钟、2 台铷钟）、信号生成与发射装置。

2）GPS 卫生的类型

试验卫星：Block Ⅰ。

工作卫星：Block Ⅱ。

GPS 卫星是由洛克韦尔国际公司空间部研制的。卫星质量 774 kg（包括 310 kg 燃料），采用铝蜂巢结构，主体呈柱形，直径为 1.5 m。星体两侧装有两块双叶对日定向太阳能电池帆板，全长 5.33 m，接受日光面积 7.2 m²。对日定向系统控制两翼帆板旋转，使板面始终对准太阳，为卫星不断提供电力，并给三组 15 AH 的镉镍蓄电池充电，以保证卫星在地影区能正常工作。在星体底部装有多波束定向天线，这是一种由 12 个单元构成的成形波束螺旋天线阵，能发射 L1 和 L2 波段的信号，其波束方向能覆盖约半个地球。在星体两端面上装有全向遥测遥控天线，用于与地面监控网通信。此外，卫星上还装有姿态控制系统和轨道控制系统。工作卫星的设计寿命为 7 年。从试验卫星的工作情况看，一般都能超过或远远超过设计寿命。

第一代卫星现已停止工作。

第二代卫星用于组成 GPS 工作卫星星座，通常称为 GPS 工作卫星。Block ⅡA 的功能比 Block Ⅱ 大大增强，表现在军事功能和数据存储容量上。Block Ⅱ 只能存储供 45 天用的导航电文，而 Block ⅡA 则能够存储供 180 天用的导航电文，以确保在特殊情况下使用 GPS 卫星。

第三代卫星尚在设计中，以取代第二代卫星，改善全球定位系统。其特点是：可对自己进行自主导航；每颗卫星将使用星载处理器，计算导航参数的修正值，改善导航精度，增强自主能力和生存能力。据报道，该卫星在没有与地面联系的情况下可以工作 6 个月，而其精度可与有地面控制时的精度相当。

2. 地面控制部分

地面控制部分由 1 个主控站、5 个监测站和 3 个注入站组成。监测站均配装有精密的铯钟和能够连续测量到所有可见卫星的接收机。监测站将取得的卫星观测数据，包括电离层和气象数据，经过初步处理后，传送到主控站。主控站从各监测站收集跟踪数据，计算出卫星的轨道和时钟参数，然后将结果送到 3 个注入站。地面控制站在每颗卫星运行至上空时，把这些导航数据及主控站指令注入卫星。如图 3-1-4 所示。

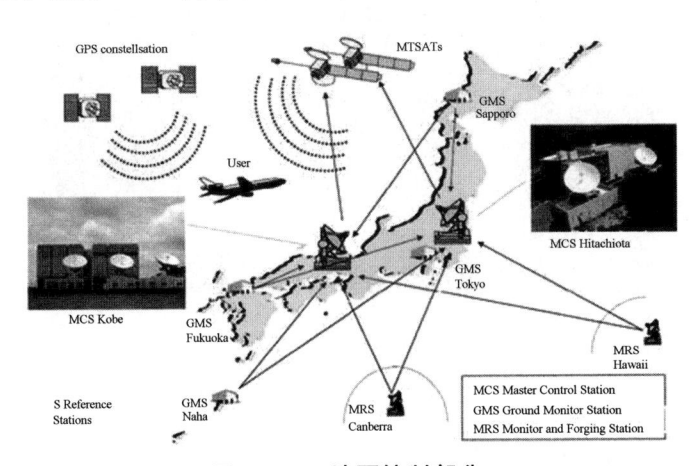

图 3-1-4　地面控制部分

1）主控站（1 个）

作用：收集各检测站的数据，编制导航电文，监控卫星状态；通过注入站将卫星星历注入卫星，完成卫星维护与异常情况的处理。

2）检测站（5个）

作用：接收卫星数据，采集气象信息，并将所收集到的数据传送给主控站。

3）注入站（3个）

作用：将导航电文注入 GPS 卫星。

3. 用户设备部分

用户设备部分即 GPS 信号接收机（图 3-1-5）。其主要功能是能够捕获到按一定卫星截止角所选择的待测卫星，并跟踪这些卫星的运行。当接收机捕获到跟踪的卫星信号后，即可测量出接收天线至卫星的伪距离和距离的变化率，解调出卫星轨道参数等数据。

图 3-1-5　GPS 信号接收机

3.2　相对定位系统

相对定位，是一种确定同步跟踪相同的 GPS 信号的若干台接收机之间的相对位置的方法。相对定位可以消除许多相同或相近的误差，定位精度较高；但组织实施困难，数据处理烦琐。因此，主要在大地测量、工程测量和地壳变形检测等精密定位领域获得广泛的应用。

相对定位利用两台接收机在两个测站上同步跟踪相同的卫星信号，求定两台接收机之间相对位置的方法。两点间的相对位置也称为基线向量，当其中一个端点坐标已知，则可推算另一个待定点的坐标。相对定位还适用于用多台接收机安置在若干条基线的端点，同步观测以确定多条基线向量的情况。在测量过程中，相对定位通过重复观测取得了充分的多余观测数据，改善了 GPS 定位的精度。

相对定位一般采用载波相位测量。相对定位中各台接收机同步观测相同的卫星，卫星钟误差、卫星星历误差、卫星信号在大气中的传播误差等几乎相同，在解算各测点坐标时可以有效地消除或大幅度削弱，从而提高定位精度。载波相位测量静态相对定位的精度可达 $\pm(5\ \text{mm}+1\times10^{-6}\times D)$，一般用于控制测量、工程测量和变形观测等精密定位。GPS 相对定位如图 3-2-1 所示。

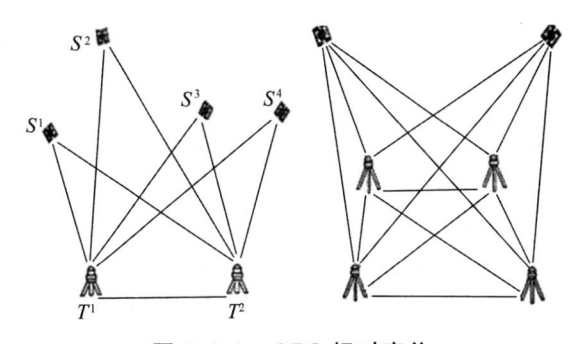

图 3-2-1　GPS 相对定位

根据相对定位时 GPS 接收机所处的状态不同，相对定位可划分为静态相对定位和动态相对定位两类。

3.2.1 GPS 静态相对定位

将两台接收机分别安置在基线的两个端点,其位置静止不动,并同步观测相同的 4 颗以上的 GPS 卫星,确定基线两个端点在协议地球坐标系中的相对位置,这种定位模式称为相对定位。

1) GPS 静态相对定位的原理方法及其应用

GPS 静态相对定位的一般方法,就是将一台 GPS 接收机安置在已知坐标的地面点(已知点)上,另一台或多台 GPS 接收机安置在未知坐标的地面点(待定点)上,并保持各接收机固定不动,同步连续观测相同的 GPS 卫星星座,用以求得未知点相对于已知点的坐标增量(基线矢量),从而由已知点坐标,推求各未知点坐标的方法。如图 3-2-2 所示。

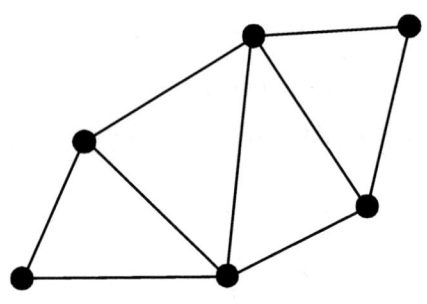

图 3-2-2 静态相对定位模式

静态相对定位一般采用载波相位观测值作为基本观测量,对中等长度的基线(100～500 km),相对定位精度可达 0.000 001～0.000 000 1,甚至更好。

2) 静态相对定位观测方程

基本观测量及其差分,设安置于某一 GPS 基线两端点上的接收机 T_i (i=1, 2),在观测历元 T_1 和 T_2 对卫星 S^j 和

S^j 进行了同步观测,则可得到独立的载波相位观测量(基本观测量),如图 3-2-3 所示。

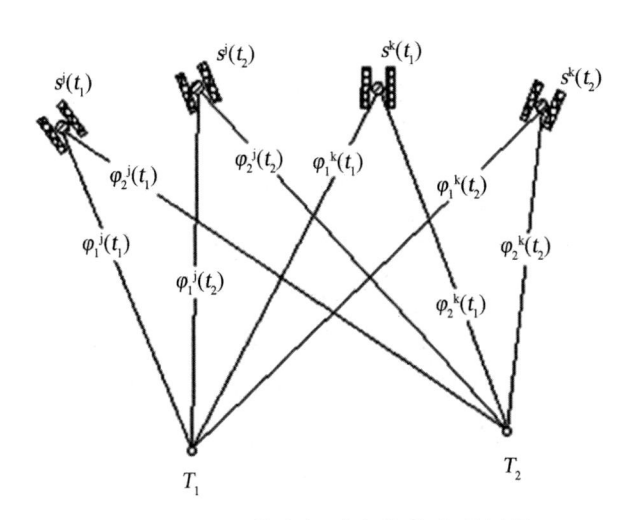

图 3-2-3 静态相对定位基本观测量

在 GPS 相对定位中,常用的三种差分(线性组合)是单差(分)、双差(分)和三差(分)。它们的定义如下:

(1)单差(Single Difference,SD)。

单差模型的优点在于消除了卫星钟差的影响,同时可以明显减弱如轨道误差,大气折射误差等系统性误差的影响,缺点在于减少了观测方程的数量。

它是在同一观测历元下,不同测站、同步观测相同卫星的观测量之差。

单差观测中,卫星钟差的影响被消除了,而两测站接收机的相对钟差(钟差之差)$\Delta t(t)$,对于同一观测历元来说,与其他被测卫星组成的单差观测方程,都是相同的。又由于卫星轨道误差和大气折射误差,对同步观测的两测站具有一定的相关性,因此,在测站间求单差后,它们的影响将明显减弱，特别是对于短基线（$S < 20 \text{ km}$），效果更显著。

单差观测模型的优点是：消除了卫星钟差的影响，并明显削弱了卫星轨道误差和大气折射误差的影响，但单差观测方程个数比独立观测量方程减少一半。

（2）双差（Dual Difference，DD）。

它是在一观测历元下，不同测站、同步观测一组卫星的单差之差。接收机相对钟差 $\Delta t(t)$ 被消除了，这是双差观测模型的重要优点。因为 GPS 接收机使用稳定性较差的石英钟，它难以用模型表示。如果将每个观测历元的接收机钟差都作为未知数求解，则将使解算基线向量的法方程中的未知数个数大大增加。使用双差模型后，接收机钟差的影响被消除了，它既不涉及钟差模型，又使法方程中未知数个数大大减少，很方便地解决了 GPS 数据处理中一个棘手的问题。所以，几乎所有的 GPS 基线解算软件，都使用双差观测模型。但双差观测模型的方程个数比单差模型减少，对解算精度可能造成不利影响。

双差观测方程的主要优点在于削弱了接收机钟差的影响，同时大大削弱了大气折射误差及轨道误差，在基线较短的情况下，由于两测站上方大气条件非常相似，用双差可忽略这部分影响。但双差观测方程数目也进一步减少。

（3）三差（Triple Difference，TD）。

它是不同历元、不同测站、同步观测一组卫星，求得的双差之差。

所谓"三差"，就是在"双差"的基础上，再对两个不同观测历元 t_1 和 t_2 求差。观测方程中不再包含整周未知数 $N^i(t_0)$ 和 $N^k(t_0)$，这是三差模型的优点，但三差观测方程的个数比双差模型又进一步减少；且求三差后，相位观测值 $N_{1,2}^{j,k} = N_{1,2}^{k} - N_{1,2}^{j}$ 的有效数字位大为减少，增大了计算过程的凑整误差，这些将对未知参数的解算产生不良影响。所以，三差模型求得的基线结果精度不够高，在数据处理中，只作为初解，用于协助求解整周未知数 $N(t_0)$ 和周跳等问题。

三差观测方程最大的优点，是进一步消除了整周未知数的影响，使未知数只剩下待定点的坐标，但使观测方程的数目进一步减少，这对未知数解算不利，所以其解算精度并不高，常用此模型来计算出待定点的概略坐标，来帮助消除整周跳变。

GPS 测量的差分模型的比较见表 3-2-1。

表 3-2-1 各种差分模型可解参数及是否抵消钟误差表

差分模型	星误差	站钟差	解算参数
单程相位	不抵消	不抵消	台站坐标、轨道、整周模糊组合参数、星钟
站间单差	抵消	不抵消	台站相对坐标、轨道、整周模糊差、站钟差
星间单差	不抵消	抵消	台站坐标、相对轨道、整周模糊差、星钟差
双差	抵消	抵消	台站相对坐标、相对轨道、整周模糊差
历元间单差	抵消	抵消	台站相对坐标差
三差	抵消	抵消	台站相对坐标

由表 3-2-1 可以看出，双差模型可以抵消钟误差和站钟差，以及减弱对流层和电离层误差的影响。因此双差模型被大部分的接收机软件所采用，也被很多好的长基线定轨定位软件所选用。

3.2.2 GPS 动态相对定位

所谓动态定位是指在定位过程中，接收天线是处于运动状态的。而这里所说的运动状态，通常是指待定点的位置，相对其周围的点位发生了明显的变化，或针对所研究的问题来说，其状态在观测期内不能认为是静止的，从而其位置的变化也就不能忽略不计。图 3-2-4 为动态定位示意图。

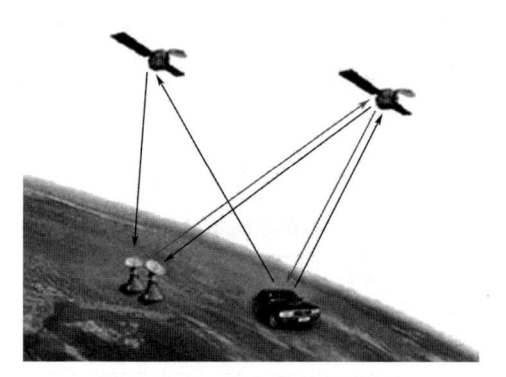

图 3-2-4　动态定位示意图

动态定位具有很多特点：

（1）用户多样性：动态定位的用户包括地面行驶的车辆、水中航行的舰艇和空中飞行的航空器等。

（2）速度多异性：根据运动载波体的运行速度，GPS 动态定位分为低动态、中动态和高动态三种定位形式。

（3）定位的实时性：如用三级火箭发射人造地球卫星，从第一级火箭发射机点火开始到卫星入轨运行，共需 17 分 19 秒。从第 859 秒关闭第三级发动机结束制导，到第 1 039 秒卫星脱离第三级火箭入轨运行共计 3 分钟。在入轨历程中，每一秒至少要测得一个动态点位，以便 180 个实测点位描述出 3 分钟的历程,监测卫星准确入轨,因此要求动态定位具有高时性。

(4)数据采集的短时性:在高动态定位场合,要求以较短的时间,如亚秒级,来采集一个点位的定位数据。

动态定位是测定一个动点的实时位置,多余观测量少、定位精确度低。

GPS 动态相对定位是用两台 GPS 接收机,将一台接收机安设在基准站上固定不动。另一台接收机安置在运动的载体上。两台接收机同步观测相同的卫星,通过在观测值之间求差值,以消除相关的误差,提高定位精度。而运动点位置是通过确定该点相对基准点的相对位置实现定位的。如图 3-2-5 所示。

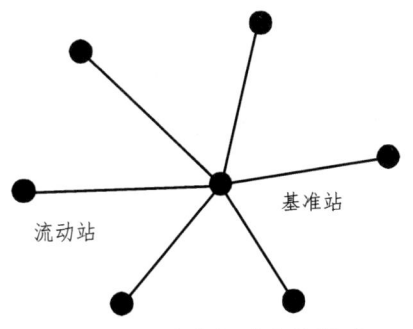

图 3-2-5　动态相对定位模式

(1)伪距相对动态定位:由安置在基准点的接收机测量出该点到 GPS 卫星的伪距,利用卫星星历数据可计算出基准站到卫星的距离,然后计算差值,将差值作为距离改正数据送给用户接收机。那么,用户就得到了一个伪距改正值,可有效地消除或削弱一些公共误差的影响。

伪距测量基本方法:卫星依据自己的时钟发出某一结构的测距码,该测距码经过一定时间的传播后到达接收机，接收机在自己的时钟控制下产生一组结构完全相同的测距码（复制码），并通过时延器使其延迟一段时间。将这两组测距码进行相关处理，若自相关系数不为 1，则继续调整延迟时间，直到自相关系数趋近于 1 为止。此时复制码已和接收到的来自卫星的测距码对齐，复制码的延迟时间就等于卫星信号的传播时间，将其乘上光速 c 后即可求得卫星至接收机的伪距。因为其中包含卫星时钟与接收机时钟不同步的误差和测距码在大气中传播的延迟误差，故称为"伪距"。

（2）载波相对动态相对定位法：通过将载波相位修正值发送给用户站来改正其载波相位实现定位；或是通过将基准站采集的载波相位观测值发给用户站进行求差，解算坐标实现定位。其定位精度在小区域范围内（<30 km）可达 1～2 cm，是一种快速且高精度的定位法。

3.3　绝对定位原理

绝对定位又称单点定位，是指独立确定待定点在坐标系统中的绝对位置。目前，GPS 系统采用 WGS-84 坐标系统，因此单点定位的结果也位于该坐标系统。

绝对定位的优点是只需一台接收机即可独立完成定位，外接观测的组织及实施较为方便，数据处理也较为简单。

绝对定位是以 GPS 卫星和用户接收机天线之间的距离为基准，根据已知的卫星瞬时坐标，来确定用户接收机天线所在的位置。其实质是空间距离后方交会，又称为距离测量，如图 3-3-1 所示。

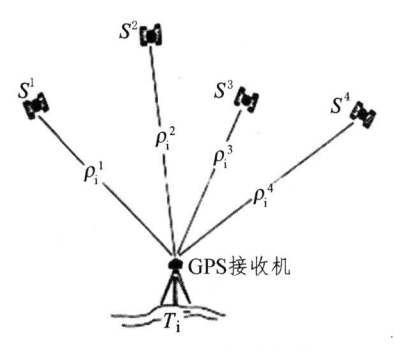

图 3-3-1 绝对定位

3.3.1 动态绝对定位

用户接收设备安置在运动的载体上，确定载体瞬间绝对位置的定位方法叫动态绝对定位。

GPS 动态测量是利用 GPS 卫星定位系统实时测量物体的连续运动状态参数。如果所求的状态参数仅仅是三维坐标参数，就称为 GPS 动态定位。如果所求的状态参数不仅包括三维坐标参数，还包括物体运动的三维速度以及时间和方位等参数，这样动态测量就称为导航。

GPS 动态绝对定位则是要确定处于运动载体上的接收机天线相位中心的瞬时位置。由于接收机天线处于运动状态，故天线相位中心的坐标是一个连续变化的量，确定每一瞬间坐标的观测方程只有较少的多余观测，因此其定位精度较低，往往仅有十几到几十米的精度。通常这种定位方法只用于精度要求不高的飞机、船舶以及陆地车辆等运动载体的导航。

3.3.2 静态绝对定位

在接收机天线处于静止状态时,确定观测站绝对坐标的方法叫静态绝对定位。

静态绝对定位是在接收机天线处于静止状态下,确定测站的三维地心坐标。定位所依据的观测量,是根据码相关测距原理测定的卫星至测站间的伪距。由于定位具有仅需要使用一台接收机、速度快、灵活方便,且无多值性的问题等优点,广泛用于低精度测量和导航。

由于伪距有测码伪距和测相伪距之分,所以,绝对定位又可分为测码绝对定位和测相伪距绝对定位。

3.4 差分 GPS

GPS 系统提供的定位精度是优于 25 m,而为得到更高的定位精度,通常采用差分 GPS 技术:将一台 GPS 接收机安置在基准站上进行观测。根据基准站已知精密坐标,计算出基准站到卫星的距离改正数,并由基准站实时将这一数据发送出去。用户接收机在进行 GPS 观测的同时,也接收到基准站发出的改正数,并对其定位结果进行改正,从而提高定位精度。精确定位服务(PPS)将提供水平为 17.8 m(2 dRMS)和垂直为 27.7 m 的预测定位精度,三维中的每维为 0.2 m/s 的速度精度,90 ns 的时间精度。精确定位服务(PPS)采用 P 码调制双频发射和接收。它仅提供于美国和其盟国的军事、联邦政府的用户及有限获准的民用用户。

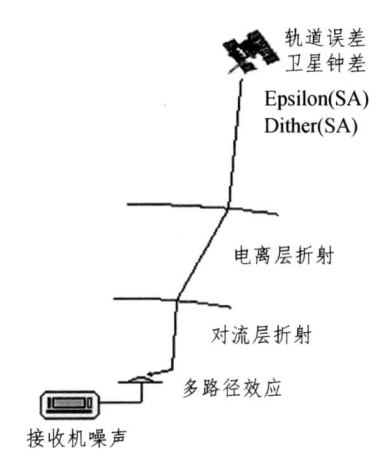

第 3 章　卫星导航系统的主要组成及原理——卫星挂帅 ‖ 43

图 3-4-1　差分 GPS

标准定位服务（SPS）采用 C/A 码调制、单频发射和接收。它公开提供于民用、商用和其他用户。尽管标准定位服务（SPS）可提供优于 30 m（2 dRMS）的定位精度，但出于美国国家的利益，美国国防部人为地引入选择可用性（SA）使其水平定位精度降低至 100 m（2 dRMS），垂直定位精度为 156 m，时间精度为 175 ns。

由于精确定位服务（PPS）不公开提供，而标准定位服务（SPS）又人为地降低了定位精度，致使需要高精度定位的民用用户使用差分技术，提高标准定位服务（SPS）的定位精度，从而形成了差分全球定位系统，简称 DGPS。DGPS 简单的工作原理是：把已知的测定点作为差分基准点，在差分基准站安装基准 GPS 接收机，并用 GPS 接收机连续地接收 GPS 信号，经处理，与基准站的已知位置进行比对，求解出实时差分修正值，以广播或数据链传输方式，将差分修正值传送至附近 GPS 用户，以修正其 GPS 定位解，提高其局部范围内用户的定位精度。如图 3-4-2 所示。

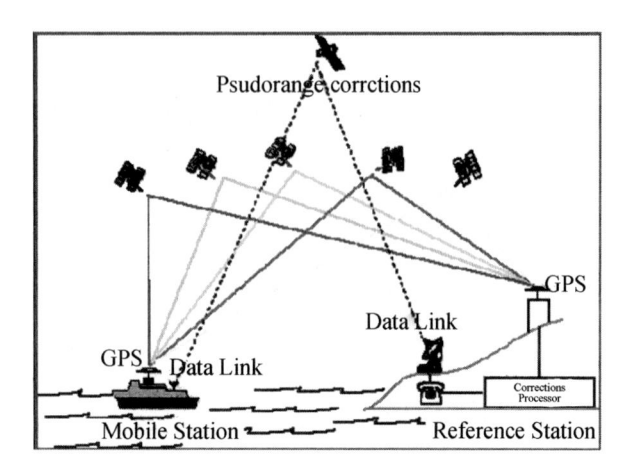

图 3-4-2　精确定位服务

差分 GPS 原理

差分技术很早就被人们所应用。它实际上是在一个测站对两个目标的观测量、两个测站对一个目标的观测量或一个测站对一个目标的两次观测量之间进行求差。其目的在于消除公共项,包括公共误差和公共参数。在以前的无线电定位系统中已被广泛地应用。图 3-4-3 和图 3-4-4 是两种差分原理。

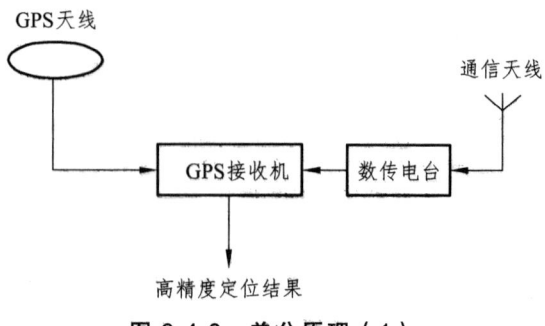

图 3-4-3　差分原理（1）

图 3-4-4　差分原理（2）

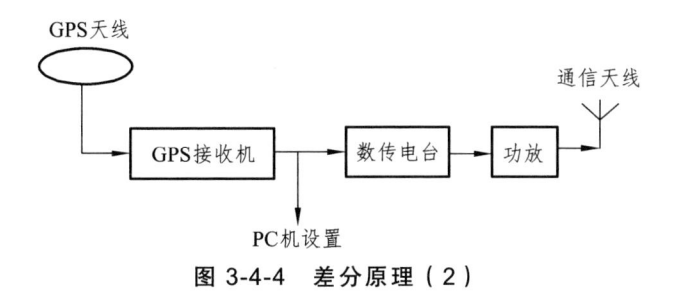

GPS 是一种高精度卫星定位导航系统。在实验期间，它能给出高精度的定位结果。这时尽管有人提出利用差分技术来进一步提高定位精度，但由于用户要求还不迫切，所以这一技术发展较慢。随着 GPS 技术的发展和完善，应用领域的进一步开拓，人们越来越重视利用差分 GPS 技术来改善定位性能。它使用一台 GPS 基准接收机和一台用户接收机，利用实时或事后处理技术，就可以使用户测量时消去公共的误差源——电离层和对流层效应。特别提出的是，当 GPS 工作卫星升空时，美国政府实行了 SA 政策。使卫星的轨道参数增加了很大的误差，致使一些对定位精度要求稍高的用户得不到满足。因此，现在发展差分 GPS 技术就显得越来越重要。

GPS 定位是利用一组卫星的伪距、星历、卫星发射时间等观测量来实现的，同时还必须知道用户钟差。因此，要获得地面点的三维坐标，必须对 4 颗卫星进行测量。

在这一定位过程中，存在着三部分误差。第一部分是对每一个用户接收机所公有的，例如，卫星钟误差、星历误差、电离层误差、对流层误差等；第二部分为不能由用户测量或由校正模型来计算的传播延迟误差；第三部分为各用户接收机所固有的误差，例如内部噪声、通道延迟、多径效应等。利用差分技术，第一部分误差完全可以消除，

第二部分误差大部分可以消除,其主要取决于基准接收机和用户接收机的距离,第三部分误差则无法消除。

美国政府实施了 SA 政策,其结果使卫星钟差和星历误差显著增加,使原来的实时定位精度从 15 m 降至 100 m。在这种情况下,利用差分技术能消除这一部分误差,更显示出差分 GPS 的优越性。根据差分 GPS 基准站发送的信息方式可将差分 GPS 定位分为三类,即:位置差分、伪距差分和相位差分。这三类差分方式的工作原理是相同的,即都是由基准站发送改正数,由用户站接收并对其测量结果进行改正,以获得精确的定位结果(图 3-4-5)。所不同的是,发送改正数的具体内容不一样,其差分定位精度也不同。

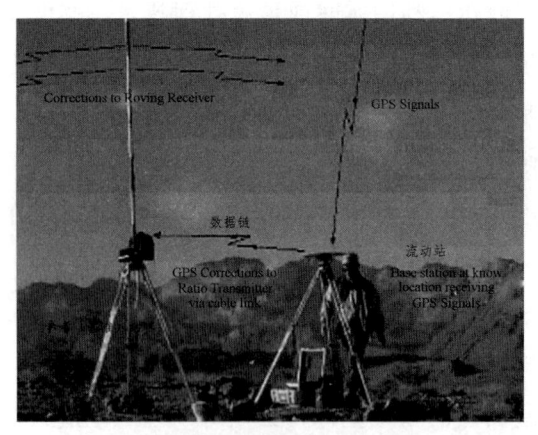

图 3-4-5 差分 GPS 定位

位置差分原理是一种最简单的差分方法,任何一种 GPS 接收机均可改装和组成这种差分系统。

安装在基准站上的 GPS 接收机观测 4 颗卫星后便可进行三维定位,解算出基准站的坐标。由于存在着轨道误差、时钟误差、SA 影响、大气影响、多径效应以及其他误差,解算出的坐标与基准站的已知坐标是不一样的，存在误差。基准站利用数据链将此改正数发送出去，由用户站接收，并且对其解算的用户站坐标进行改正。最后得到的改正后的用户坐标已消去了基准站和用户站的共同误差，例如卫星轨道误差、SA 影响、大气影响等，提高了定位精度。以上先决条件是基准站和用户站观测同一组卫星的情况。位置差分法适用于用户与基准站间距离在 100 km 以内的情况。

任何一种 GPS 接收机均可改装成差分系统。而其缺点是主要是：第一个缺点，要求准基站与用户必须保持观测同一组卫星，由于准基站与用户站接收机的配备可能不全相同，且两站观测环境也不完全相同，因此难以保证两站观测同一组卫星，产生的误差可能会不匹配，从而影响定位精度。第二个缺点，坐标差分定位效果不如以下介绍的伪距差分好。

1. 伪距差分原理

伪距差分是目前用途最广的一种技术。几乎所有的商用差分 GPS 接收机均用这种技术。国际海事无线电委员会推荐的 RTCM SC-104 也采用了这种技术。在基准站上的接收机要求得它至可见卫星的距离，并将此计算出的距离与含有误差的测量值加以比较。利用一个 $\alpha\text{-}\beta$ 滤波器将此差值滤波并求出其偏差。然后将所有卫星的测距误差传输给用户，用户利用此测距误差来改正测量的伪距。最后，用户利用改正后的伪距来解出本身的位置，就可消去公共误差，提高定位精度。

与位置差分相似，伪距差分能将两站公共误差抵消，但随着用户到基准站距离的增加又出现了系统误差，这种误差用任何差分法都是不能消除的。用户和基准站之间的距离对精度有决定性影响。

2. 载波相位差分原理

测地型接收机利用 GPS 卫星载波相位进行的静态基线测量获得了很高的精度。可是为了可靠地求解出相位模糊度，要求静止查看一两个小时或更长时间。这样就限制了在工程作业中的应用。所以探求快速测量的方法应运而生。例如，采用整周模糊度快速逼近技术（FARA）使基线观测时间收缩到 5 分钟，采用准动态（stop and go），往返重复设站（re-occupation）与动态（kinematic）来升高 GPS 作业效率。这些技术的运用对推动精密 GPS 测量起了促进作用。但是，上述这一些作业方式都是事后进行数据处理，不能及时提交成果和实时评定成果质量，很难防止出现事后检查不合格造成的返工现象。

差分 GPS 的出现，能实时给定载体的地点，精度是米级，满足了引航和水下测量等工程的要求。位置差分与伪距差分、伪距差分相位平滑等技术已顺利地用于各种作业中。随之而来的是特别精密的测量技术——载波相位差分技术。

载波相位差分技术又称之为 RTK 技术（Real Time Kinematic），是建立在及时处理两个测站的载波相位基础上的。载波相位差分技术能实时提供观测点的三维坐标，并达到厘米级的高精度。

与伪距差分原理相同，由基准站通过数据链及时将其载波观测量及站坐标信息一同传送给用户站。用户站接收GPS卫星的载波相位与来自基准站的载波相位，并组成相位差分观测值进行及时处理，能及时给出厘米级的定位结果。

由于GPS技术所具有的全天候、高精度和自动测量的特点，作为先进的测量手段和新的生产力，已经融入了国民经济建设、国防建设和社会发展的各个应用领域。随着冷战结束和全球经济的蓬勃发展，美国政府宣布2000年至2006年期间，在保证美国国家安全不受威胁的前提下，取消SA政策，GPS民用信号精度在全球范围内得到改善，利用C/A码进行单点定位的精度由100 m提高到10 m，这将进一步推动GPS技术的应用，提高生产力、作业效率、科学水平以及人们的生活质量，刺激GPS市场的增长。

第 4 章

卫星导航系统数据处理
——导航技术的血液

4.1 误差的分类

4.2 来源于卫星的误差

4.3 与传播途径有关的误差

4.4 接收设备的误差

4.1 误差的分类

4.1.1 系统误差

在完全相同的条件下多次重复测量同一物理量时，如果测量结果的误差大小和符号都保持不变；或者当条件有所改变时，测量结果的误差是按某一确定规律而改变的，这类误差称之为系统误差。即在多次测量过程中，误差的数值保持恒定或按某种已知的规律变化的误差。如图4-1-1 所示。

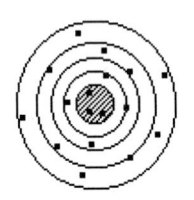

图 4-1-1　系统误差

在卫星系统中系统误差主要包括卫星的轨道误差、卫星钟差、接收机钟差以及大气折射的误差等（图 4-1-2）。为了修正误差对观测量的影响，可根据系统误差产生的原因而采取不同的措施，包括：

（1）建立系统误差模型，对观测量加以修正。

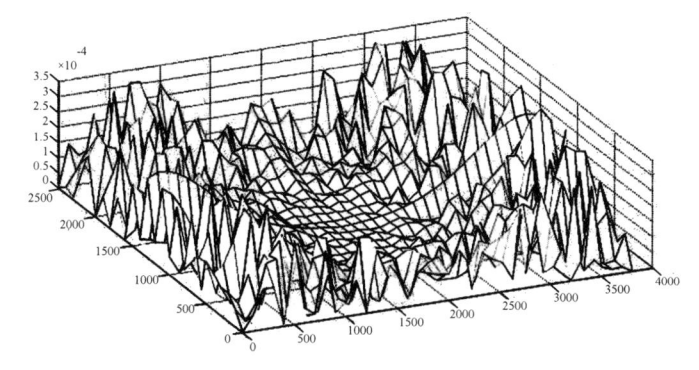

图 4-1-2 误差分布

（2）简单的忽略某些系统误差的影响。

（3）将不同观测站对相同卫星的同步观测值求差，以减弱和消除系统误差的影响。

（4）引入相应的未知参数，在数据处理中连同其他未知参数一并求解。

4.1.2 随机误差

随机误差也称为偶然误差和不定误差，是由于在测定过程中一系列有关因素微小的随机波动而形成的具有相互抵偿性的误差。其产生的原因是分析过程中种种不稳定随机因素，如室温、相对湿度和气压等环境条件的不稳定，分析人员操作的微小差异以及仪器的不稳定等。随机误差的大小和正负都不固定，但多次测量就会发现，绝对值相同的正负随机误差出现的概率大致相等，因此它们之间常能互相抵消，所以可以通过增加平行测定的次数取平均值的办法减小随机误差。随机误差包括观测误差和多路效应误差。

随机误差具有以下规律（图 4-1-3）：

（1）大小性：绝对值小的误差出现的概率比绝对值大的误差出现的概率大。

（2）对称性：绝对值相等的正误差和负误差出现的概率相等。

（3）有界性：绝对值很大的误差出现的概率近于零。误差的绝对值不会超过某一个界限。

（4）抵偿性：在一定测量条件下，测量值误差的算术平均值随着测量次数的增加而趋于零。

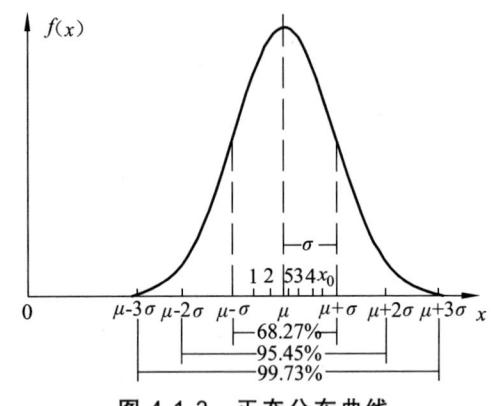

图 4-1-3　正态分布曲线

4.1.3　粗大误差

在一定的测量条件下，超出规定条件下预期的误差称为粗大误差。一般地，给定一个显著性的水平，按一定条件分布确定一个临界值，凡是超出临界值范围的值，就是粗大误差，它又叫做粗误差或寄生误差。

产生粗大误差的主要原因：

电压突变、机械冲击、外界震动、电磁（静电）干扰、仪器故障等引起了测试仪器的测量值异常或被测物品的位置相对移动。使用了有缺陷的量具、操作时疏忽大意、读数、记录、计算的错误等。另外，环境条件的反常突变因素也是产生这些误差的原因。

粗大误差不具有抵偿性，它存在于一切科学实验中，不能被彻底消除，只能在一定程度上减弱。它是异常值，严重歪曲了实际情况，所以在处理数据时应将其剔除，否则将对标准差、平均差产生严重的影响。

4.2 来源于卫星的误差

跟其他测量工作一样，GPS 测量同样不可避免地会受到测量误差的干扰。按误差性质来讲，影响 GPS 测量精度的误差主要是系统误差和偶然误差，其中，系统误差的影响又远大于偶然误差，相比之下，后者甚至可以忽略不计。从误差来源分析，GPS 测量误差大体又可以分为以下 3 类：

1. 与 GPS 卫星有关的误差

此类误差主要包括卫星星历误差与卫星钟误差，两者都是系统误差。在 GPS 测量中，可以通过一定的方法消除或者减弱其影响，也可采用某种数学模型对其进行改正。

2. 与 GPS 卫星信号转播有关的误差

GPS 卫星发射的信号，需穿过地球上空电离层和对流层才能到达地面。当信号通过电离层和对流层时，由于传播速度发生变化而产生延时，延时测量结果产生系统误差，称为 GPS 信号的电离层折射误差和对流层折射误差。

在 GPS 测量过程中,同样可通过一定的方法消除或者减弱其影响,也可通过观测气象元素并采用一定的数学模型对其进行改正。

当卫星信号到达地面时,往往受到某些物体表面反射,使接收机收到的信号不单纯是直接来自卫星的信号,而包括了一部分反射信号,从而产生信号的多路径误差。多路径误差取决于测站周围的环境,具有随机性质,是一种偶然误差。

3. 与 GPS 信号接收机有关的误差

此类误差包括接收机的分辨率、接收机的时钟误差以及接收机天线相位的中心的位置偏差。

接收机的分辨率误差也就是 GPS 测量的观测误差,具有随机性质,是一种偶然误差,通过增加观测量可以明显减弱其影响。接收机时钟误差,是指接收机内部安装的高精度石英钟的钟面时间相对 GPS 标准时间的偏差。这项误差与卫星钟误差一样属于系统误差,并且一般比卫星钟误差大,同样可以通过一定的方法消除或减弱。在进行 GPS 定位测量时,是以接收机天线相位中心代表接收机的位置的。理论上讲,天线相位中心与天线几何中心应当一致,但事实上天线相位中心随着信号强度和输入方向的不同而发生变化,使天线相位中心偏离天线几何中心而产生定位系统误差。

4.2.1 星历误差

卫星星历误差是指卫星星历给出的卫星空间位置与

卫星实际位置间的偏差，由于卫星空间位置是由地面监控系统根据卫星测轨结果计算求得的，所以又称为卫星轨道误差。它是一种起始数据误差，其大小取决于卫星跟踪站的数量及空间分布、观测值的数量及精度、轨道计算时所用的轨道模型及定轨软件的完善程度等。星历误差是 GPS 测量的重要误差来源，可以通过多次重复观测来消除，它的存在将严重影响单点定位的精度。

卫星轨道误差是当前 GPS 测量的主要误差来源之一，测量的基准线长度越长，此项误差的影响就越大。减小星历误差的主要方法有：

（1）建立独立的 GPS 卫星观测网进行 GPS 卫星的精密定位，例如 IGS 观测网络。

（2）轨道松弛法。轨道松弛法是在平差模型中把卫星星历给出的卫星轨道视为初始值，将其改正数作为未知数，通过平差求得测站位置及轨道改正数。这种方法数据处理相当复杂，工作量较大，一般只适用于无法获取精密星历而采取的补救措施。

（3）差分定位。这一方法是利用在两个或多个观测站上，对同一卫星的同步观测值进行求差。因为星历误差对相距不太远的两个或多个测站的影响相近，所以对于确定两个或多个测站之间的相对位置，可以使用差分定位的方法来减弱卫星星历误差的影响。

（4）同步观测值求差。这一方法是利用在两个或多个观测站对同一卫星的同步观测值求差从而减弱卫星轨道误差的影响。这种方法对于精度相对定位，具有极其重要的意义。

图 4-2-1　卫星星历误差

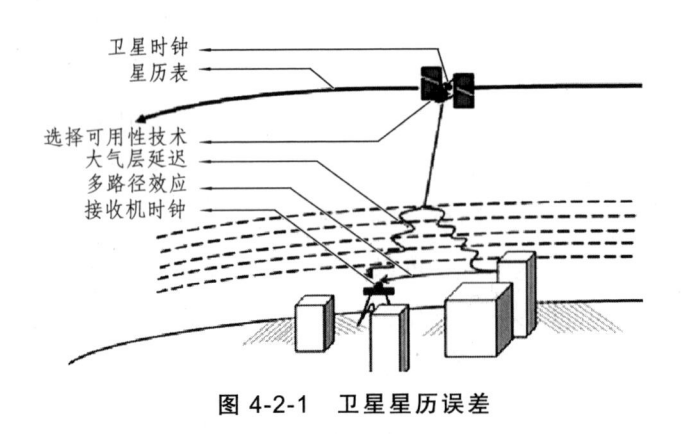

4.2.2　卫星钟差

卫星钟差是指 GPS 卫星时钟与 GPS 标准时间的差别。GPS 观测量均以精密测时为依据。在 GPS 定位中，无论码相位观测还是载波相位观测，都要求卫星钟与接收机钟保持严格同步。为了保证时钟的精度，GPS 卫星均采用高精度的原子钟，但它们与 GPS 标准时之间的偏差和漂移总量仍在 0.1~1 ms，由此引起的等效误差将达到 30~300 km。这是一个系统误差，必须加于修正。

卫星钟差的处理：GPS 测量中，卫星作为高空观测目标，其位置在不断变化，必须有严格的瞬间时刻，卫星位置才有实际意义。另外，GPS 测量就是通过接收和处理 GPS 信号实现定位的，必须准确测定信号传播时间，才能准确测定观测站至卫星的距离。

4.3 与传播途径有关的误差

4.3.1 电离层折射影响

GPS 卫星信号与其电磁波信号一样,当其通过电离层时,将受到这一介质弥散特性的影响,其信号的传播路径发生变化(图 4-2-2)。当 GPS 卫星处于天顶方向时,电离层折射对信号传播路径的影响最小,而当卫星接近地平线时,则影响最大。

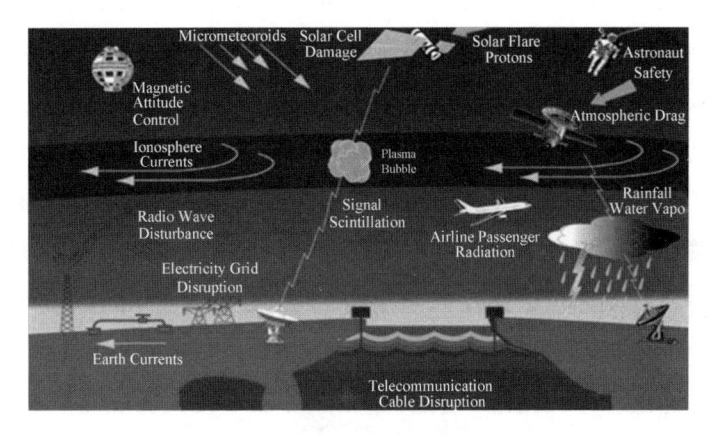

图 4-2-2 电离层折射

在地球上空距地面 50~100 km 的电离层中,气体分子受到太阳等天体各种射线辐射产生强烈电离,形成大量的自由电子和正离子。当 GPS 信号通过电离层时,与其他电磁波一样,信号的路径会发生弯曲,传播速度也会发生变化,从而使测量的距离发生偏差(图 4-2-3)。对于电离层折射可用 4 种方法来减弱它的影响:

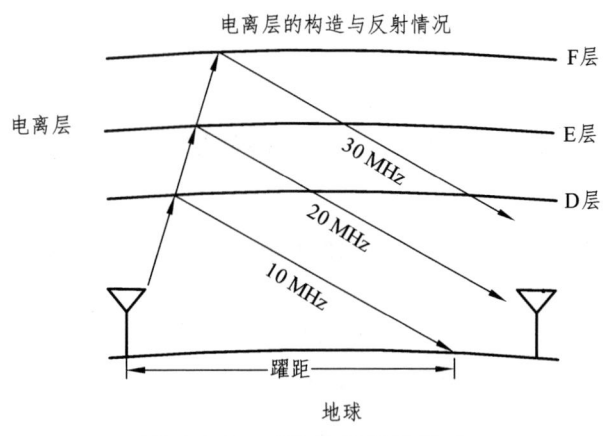

图 4-2-3　对流动折射的影响

（1）用双频观测值。由于电离层的影响是信号频率的函数，所以利用不同频率的电磁波信号进行观测便能确定其影响，从而对观测量加以修正。电离层的影响是电磁波频率的函数。如果分别用两个频率 f_1 和 f_2 发射卫星信号，则两个不同频率的信号就会沿同一路径到达接收机，用双频接收机进行测量，就能根据电离层折射和信号频率的有关特性，求得电离层折射改正数。但是在太阳磁暴和耀斑爆发及太阳黑子活动的异常期，应避免观测。由于赤道和地极附近存在着严重的电离层赤道扰动和地极扰动，因而在赤道和地极附近一般不利用双频 GPS 接收机观测。双频 GPS 接收机一般只适用于在没有电离层扰动的中纬度地区来进行电离层改正。

（2）利用电离层模型加以改正。对于单频 GPS 接收机，为了减弱电离层的影响，一般是采用导航电文提供的电离层模型，或其他适合的电离层模型对观测量加以修正，但是这种模型至今仍在完善之中，目前模型改正的有效率约为 75%。

（3）用同步观测值求差。这一方法是利用两台或多台接收机，对同一卫星的同步观测求差，以减弱电离层折射的影响，尤其当观测站间的距离较近时（<20 km），由于卫星信号到达各观测站的路径相近，所经过的介质状况相似，因此通过各观测站对相同卫星信号的同步观测值求差，便可显著的减弱电离层折射影响，其残差将不会超过 1 ppm（1 ppm=10^{-6}）。对于单频 GPS 接收机而言，这种方法具有重要意义。

（4）差分处理。当测站间的距离相距不太远时（例如 20 km 以内），两测站上的电子密度相差不大，卫星的高度角相差不多，此时卫星信号到达不同观测站所经过的介质状况相似、路径相似，当利用两台或多台接收机对同一组卫星的同步观测值求差时，可以有效地减弱电离层折射的影响。

4.3.2 对流层折射的影响

对流层的高度为 40 km 以下的大气底层，其大气密度比电离层更大，大气状态也更复杂。对流层与地面接触并从地面得到辐射热能，其温度随高度的增加而降低。GPS 信号通过对流层时，也使传播的路径发生弯曲，从而使测量距离产生偏差，这种现象称为对流层折射。减弱对流层折射的影响主要有 3 种措施：

（1）采用对流层模型加以改正，其气象参数在测站直接测定。

（2）引入描述对流层影响的附加待估参数，在数据处理中一并求得；用同步观测量求差。

4.3.3 多路径效应

多路径效应亦称多路径误差,是指接收机天线除直接收到卫星发射的信号外,还可能收到经天线周围地物一次或多次反射的卫星信号,信号叠加将会引起测量参考点(相位中心点)位置的变化,从而使观测量产生误差,而且这种误差随天线周围反射面的性质而异,难以控制。实验资料表明,在一般反射环境下,多路径效应对测码伪距的影响可达到米级,对测相伪距的影响可达到厘米级。而在高反射环境下,不仅其影响将显著增大,而且常常导致接收的卫星信号失锁和使载波相位观测量产生周跳。因此,在精密GPS导航和测量中,多路径效应的影响是不可忽视的。

多路径效应测站周围的反射物所反射的卫星信号(反射波)进入接收机天线,将和直接来自卫星的信号(直接波)产生干涉,从而使观测值偏离,产生所谓的"多路径误差"。这种由于多路径的信号传播所引起的干涉延时效应被称作多路径效应(图4-2-4)。减弱多路径误差的方法主要有:

(1)选择合适的站址。应避开较强的反射面,测站不宜选择在山坡、山谷和盆地中,应离开高层建筑物,如水面、平坦光滑的地面以及平整的建筑物表面等。

(2)选择较好的接收机天线,在天线中设置径板,抑制极化特性不同的反射信号。

(3)适当延长观测时间,削弱多路径效应的周期性影响。

(4)改善GPS接收机的电路设计,减弱多路径效应的影响。

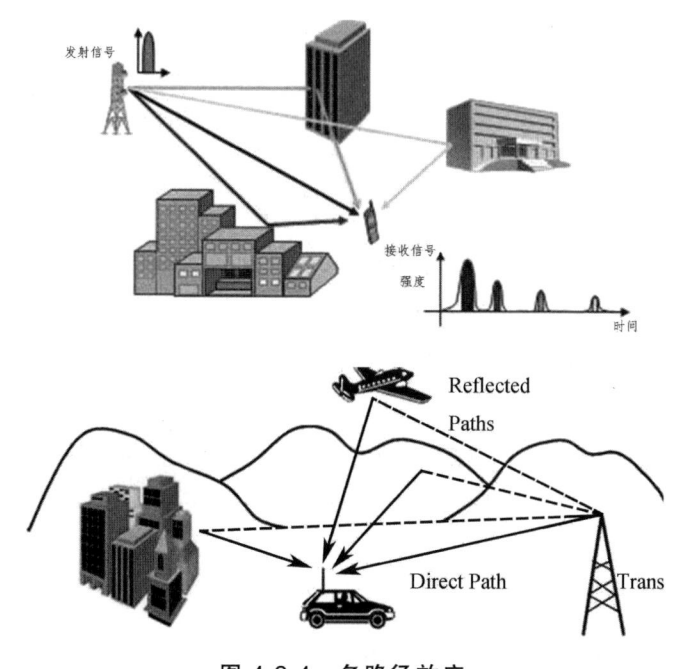

图 4-2-4　多路径效应

4.4　接收设备的误差

在 GPS 定位测量中，与用户接收设备有关的误差主要包括：观测误差、接收机钟差、天线相位中心偏移误差。

4.4.1　观测误差

观测误差，主要是指仪器、硬件和软件对 GPS 信号的分辨率。观测误差属于偶然性质的误差，适当增加观测量将会明显地减弱其影响。除此之外，观测误差包括观测的分辨误差及接收机天线相对于测站点的安置误差等（表4-4-1）。根据经验，一般认为观测的分辨误差为信号波长的 1%。安置误差主要有天线的置平与对中误差和量取天线相位中心高度（天线高）误差。

表 4-4-1　码相位与载波相位的分辨误差

信号	波长	观测误差
P 码	29.3 m	0.3 m
C/A 码	293 m	2.9 m
载波 L1	19.05 cm	2.0 mm
载波 L2	24.45 cm	2.5 mm

4.4.2　接收机钟差

接收机钟差 GPS 接收机一般采用高精度的石英钟，接收机的钟面时与 GPS 标准时之间的差异称为接收机钟差。把每个观测时刻的接收机钟差当作一个独立的未知数，并认为各观测时刻的接收机钟差间是相关的，在数据处理中与观测站的位置参数一并求解，可减弱接收机钟差的影响。

4.4.3　接收机位置误差

接收机的位置误差，接收机天线相位中心相对测站标石中心位置之间的误差，叫接收机位置误差。其中包括天线置平和对中误差以及量取天线高误差。在精密定位时，要注意仔细操作，从而尽量减少这种误差影响。在变形监测中，应采用有强制对中装置的观测墩。相位中心随着信号输入的强度和方向不同而有所变化，这种差别叫天线相位中心的位置偏差。这种偏差的影响可达数毫米至厘米。而如何减少相位中心的偏移是天线设计中的一个重要问题。在实际工作中若使用同一类天线，在相距不远的两个或多个测站同步观测同一组卫星，可通过观测值求差来减弱相位偏移的影响。但这时各测站的天线均应按天线固有的方位标进行定向，使之根据罗盘指向磁北极。

第 5 章

GPS 的小伙伴们

5.1 中国的"北斗"卫星导航系统

5.2 俄罗斯"GLONASS"系统

5.3 欧洲"伽利略"系统

5.4 GSM 定位系统

5.1 中国的"北斗"卫星导航系统

"北斗"卫星导航系统（BeiDou Navigation Satellite System，BDS）是中国自行研制的全球卫星导航系统，是继美国全球定位系统（GPS）、俄罗斯格洛纳斯卫星导航系统（GLONASS）之后第三个成熟的卫星导航系统。北斗卫星导航系统由空间段、地面段和用户段三部分组成，可在全球范围内全天候、全天时为各类用户提供高精度、高可靠定位、导航、授时服务，并具短报文通信能力，已经初步具备区域导航、定位和授时能力，定位精度 10 m，测速精度 0.2 m/s，授时精度为 10 ns。

2012 年 12 月 27 日，"北斗"卫星导航系统空间信号接口控制文件正式版 1.0 正式公布，北斗导航业务正式对亚太地区提供无源定位、导航、授时服务。

2013 年 12 月 27 日，"北斗"卫星导航系统正式提供区域服务一周年新闻发布会，在国务院新闻办公室新闻发布厅召开，正式发布了《北斗系统公开服务性能规范（1.0 版）》和《北斗系统空间信号接口控制文件（2.0 版）》两个系统文件。

2014 年 11 月 23 日，国际海事组织海上安全委员会审议通过了对北斗卫星导航系统认可的航行安全通函，这标志着北斗卫星导航系统正式成为全球无线电导航系统的组成部分，取得面向海事应用的国际合法地位。中国的卫星导航系统已获得国际海事组织的认可。图 5-1-1 为北斗卫星导航系统三种轨道卫星示意图。

图 5-1-1　北斗卫星导航系统三种轨道卫星示意图

北斗卫星导航系统空间段由 5 颗静止轨道卫星和 30 颗非静止轨道卫星组成。目前，中国已成功发射 19 颗"北斗"导航卫星，预计 2020 年左右，建成覆盖全球的导航系统。

卫星导航系统是重要的空间信息基础设施。中国高度重视卫星导航系统的建设，一直在努力探索和发展拥有自主知识产权的卫星导航系统。2000 年，首先建成北斗导航试验系统，使我国成为继美、俄之后的世界上第三个拥有自主卫星导航系统的国家。该系统已成功应用于测绘、电信、水利、渔业、交通运输、森林防火、减灾救灾和公共安全等诸多领域，产生显著的经济效益和社会效益。特别是在 2008 年北京奥运会、汶川抗震救灾中发挥了重要作用。为了更好地服务于国家建设与发展，满足全球应用需求，我国启动实施了北斗卫星导航系统（图 5-1-2）建设。

北斗卫星导航系统的建设与发展，以应用推广和产业发展为根本目标，不仅要建成系统，更要用好系统，强调质量、安全、应用、效益，遵循以下建设原则：

图 5-1-2　北斗卫星导航系统

1. 开放性

北斗卫星导航系统的建设、发展和应用将对全世界开放，为全球用户提供高质量的免费服务，积极与世界各国开展广泛而深入的交流与合作，促进各卫星导航系统间的兼容与互相操作，推动卫星导航技术与产业的发展。

2. 自主性

中国将自主建设和运行北斗卫星导航系统，北斗卫星导航系统可独立为全球用户提供服务。

卫星导航原理：校正卫星的轨道位置和系统时间。位于地面的主控站与其运控段一起，至少每天一次对每颗卫星注入校正数据。注入数据包括：星座中每颗卫星的轨道位置测定和星上时钟的校正。这些校正数据是在复杂模型的基础上算出的，可在几个星期内保持有效。

卫星导航工作原理：卫星至用户间的距离测量是基于卫星信号的发射时间与到达接收机的时间之差，称为伪距。为了计算用户的三维位置和接收机时钟偏差，伪距测量要求至少接收来自 4 颗卫星的信号。北斗卫星工作原理如图 5-1-3 所示。

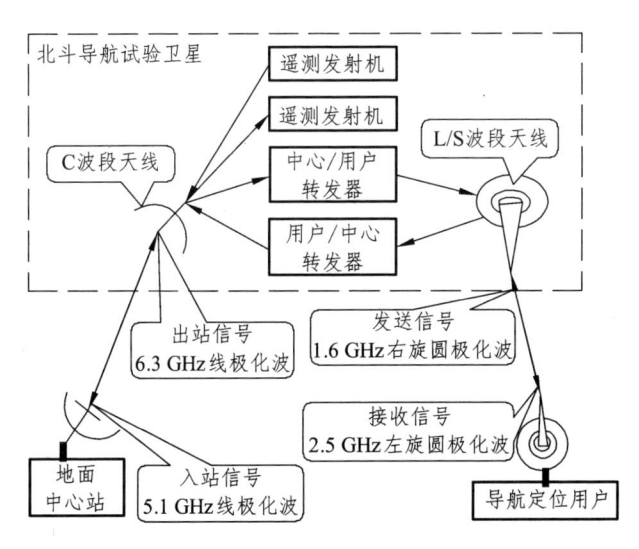

图 5-1-3　北斗卫星工作原理图

由于卫星运行轨道、卫星时钟存在误差，大气对流层、电离层对信号的影响，民用的定位精度只有数十米量级。为提高定位精度，普遍采用差分定位技术（如 DGPS、DGNSS），建立地面基准站（差分台）进行卫星观测，利用已知的基准站精确坐标，与观测值进行比较，从而得出修正数，并对外发布。接收机收到该修正数后，与自身的观测值进行比较，消去大部分误差，得到一个比较准确的位置。实验表明，利用差分定位技术，定位精度可提高到米级。如图 5-1-4 所示。

图 5-1-4　北斗卫星导航系统定位

这是该系统向其目标迈出的重要一步：被全世界接受，可媲美美国全球定位系统（GPS）。

在 2014 年 11 月 17 日至 21 日的会议上，联合国负责制定国际海运标准的国际海事组织海上安全委员会，正式将中国的北斗系统纳入全球无线电导航系统。这意味着继美国的 GPS 和俄罗斯的 GLONASS 后，中国的导航系统已成为第三个被联合国认可的海上卫星导航系统。专门研究中国太空项目和信息战争的加州大学专家凯文·波尔彼得表示，这是"承认北斗系统能在其覆盖范围内提供足够精确的定位信息"。如图 5-1-5 所示。

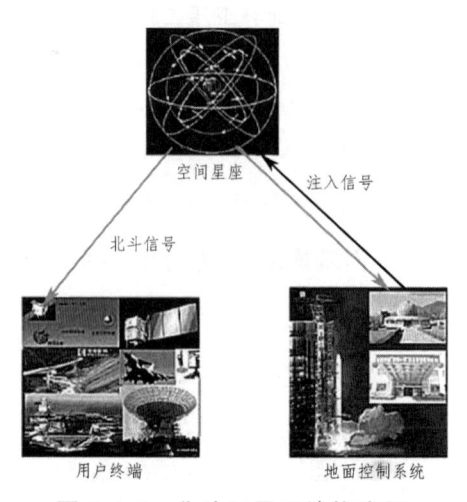

图 5-1-5　北斗卫星系统构成图

定位效果分析是导航系统性能评估的重要内容。此前，由于受地域限制，对北斗卫星导航系统全球大范围的定位效果分析只能通过仿真手段。武汉大学测绘学院和中国南极测绘研究中心杜玉军、王泽民等科研人员，在 2011—2012 年中国第 28 次南极科学考察期间，沿途大范围采集了北斗和 GPS 连续实测数据，跨度北至中国天津，南至南极内陆昆仑站。同时还采集了中国南极中山站的静态观测数据。对比分析不同区域静态定位效果，在武汉也进行了静态观测。

科研人员利用严谨的分析研究方法，从信噪比、多路径、可见卫星数、精度因子、定位精度等多个方面，对比分析了北斗和 GPS 在航线上不同区域、尤其是在远洋及南极地区不同运动状态下的定位效果。

结果表明，北斗系统信号质量总体上与 GPS 相当。在 45°以内的中低纬地区，北斗动态定位精度与 GPS 相当，水平和高程方向分别可达 10 米和 20 米左右；北斗静态定位水平方向精度为米级，也与 GPS 相当，高程方向 10 米左右，较 GPS 略差；在中高纬度地区，由于北斗可见卫星数较少、卫星分布较差，定位精度较差或无法定位。

"现阶段的北斗已经实现区域定位，但还不具备全球定位能力，北斗与 GPS 在定位效果上的差异，主要是由卫星数量和分布造成的。"武汉大学中国南极测绘研究中心副主任王泽民教授说，"截至研究数据采集结束时，北斗系统在轨卫星数为 11 颗。上个月，我国成功发射了新一代北斗导航卫星，北斗系统在轨卫星数达到了 17 颗。随着北斗系统全球组网拉开帷幕，相信今后的实测数据一定会更加精彩。"

5.2 俄罗斯"GLONASS"系统

GLONASS（格洛纳斯），是"GLOBAL NAVIGATION SATELLITE SYSTEM"全球卫星导航的缩写。GLONASS卫星导航系统作用类似于美国的GPS、欧洲的"伽利略"卫星定位系统和中国的"北斗"卫星导航系统。

该系统最早开发于苏联时期，后由俄罗斯继续该计划。俄罗斯1993年开始独自建立本国的全球卫星导航系统。该系统于2007年开始运营，当时只开放俄罗斯境内卫星定位及导航服务。到2009年，其服务范围已经拓展到全球。该系统主要服务内容包括确定陆地、海上及空中目标的坐标及运动速度信息等。GLONASS导航系统目前在轨运行的卫星已达30颗（图5-2-1），俄航天部门计划2014年内再发射3颗。

图 5-2-1 GLONASS 系统图片

2014年11月11日报道，"俄罗斯航天系统"公司公告说，该公司准备好在中国部署俄罗斯卫星导航系统GLONASS差分校正和监测系统站（SDCM），安装工作将在12月份开始。

GLONASS系统由27颗工作星和3颗备份星组成，27颗星均匀地分布在3个近圆形的轨道平面上，这三个轨道平面两两相隔120°，每个轨道面有8颗卫星，同平面内的卫星之间相隔45°，轨道高度2.36万千米，运行周期11小时15′，轨道倾角64.8°。

该系统的结构GLONASS系统标准配置为24颗卫星，而18颗卫星就能保证该系统为俄罗斯境内用户提供全部服务。该系统卫星分为GLONASS和GLONASS-M两种类型，后者使用寿命更长，可达7年。研制中的"GLONASS-K"卫星的在轨工作时间可长达10年至12年。

主要功能：GLONASS是由苏联（现由俄罗斯）国防部独立研制和控制的第二代军用卫星导航系统，与美国的GPS相似，该系统也开设民用窗口。

GLONASS技术，可为全球海陆空以及近地空间的各种军、民用户全天候、连续地提供高精度的三维位置、三维速度和时间信息。GLONASS在定位、测速及定时精度上则优于施加选择可用性（SA）之后的GPS，由于俄罗斯向国际民航和海事组织承诺将向全球用户提供民用导航服务。如图5-2-2所示。

图 5-2-2　卫星图片

GLONASS 的研制开始于 70 年代中期，历经 20 多年的曲折历程，虽然曾遭遇了苏联解体，俄罗斯经济不景气，但始终没有中断过系统的研制和卫星的发射。终于 1996 年 1 月 18 日实现了空间满星座 24 颗工作卫星正常地播发导航信号，使系统达到了一个重要的里程碑。

GLONASS 工作测试开始于苏联 1982 年 10 月 12 日发射第一颗试验卫星，整个测试计划分两个阶段完成。

1984—1985 年，由 4 颗卫星组成的试验系统达到验证系统的基本性能指标。空间星座从 1986 年开始逐步扩展，到 1990 年系统第一阶段的测试计划已经完成，当时空间星座已有 10 颗卫星，布置在轨道面 1（6 颗）和轨道面 3（4 颗）上。该星座每天至少能提供 15 小时的二维定位覆盖，而三维覆盖至少可达 8 小时。

GLONASS 测试计划的第二阶段主要完成对用户设备的测试，随着空间星座 1996 年 1 月 18 日最终布满 24 颗工作卫星而告结束，随后系统开始进入完全工作阶段。

GLONASS 由空间卫星系统（即空间部分）、地面监测与控制子系统（即地面控制部分）、用户设备（即用户接收设备）三个基本部分组成。

GLONASS 空间星座由 24 颗卫星（图 5-2-3）组成，卫星有六种类型：BlockⅠ，BlockⅡa，BlockⅡb，BlockⅡ以及正在研制中的下一代改进型卫星 GLONASS-MⅠ和 GLONASS-MⅡ。每颗 GLONASS 卫星都在 L 波段上发射两个载波信号 L1 和 L2，民用码仅调制在 L1 上，而军用码在(L-1 和 L2)双频上，GLONASS 采用频分多址(FDMA)区分卫星信号。

图 5-2-3　格洛纳斯卫星

卫星的功能作用于我们现实生活中，离不开地面的控制。该系统的地面支持系统由系统控制中心、中央同步器、遥测遥控站（含激光跟踪站）和外场导航控制设备组成。地面支持系统的功能由苏联境内的许多场地来完成。随着苏联的解体，GLONASS 系统由俄罗斯航天局管理，地面支持段已经减少到只有俄罗斯境内的场地了，系统控制中心和中央同步处理器位于莫斯科，遥测遥控站位于圣彼得堡、捷尔诺波尔、埃尼谢斯克和共青城。

卫星导航首先是在军事需求的推动下发展起来的，GLONASS 与 GPS 一样可为全球海陆空以及近地空间的各种用户提供全天候、连续提供高精度的各种三维位置、三维速度和时间信息（PVT 信息），这样不仅为海军舰船、空军飞机、陆军坦克、装甲车、炮车等提供精确导航；也在精密导弹制导、C3I 精密敌我态势产生、部队准确的机动和配合、武器系统的精确瞄准等方面广泛应用。另外，卫星导航在大地和海洋测绘、邮电通信、地质勘探、石油开发、地震预报、地面交通管理等各种国民经济领域有越来越多的应用。GLONASS 的出现，打破了美国对卫星导航独家垄断的地位，消除了美国利用 GPS 施以主权威慑给用户带来的后顾之忧，GPS/GLONASS 兼容使用可以提供更好的精度几何因子，消除 GPS 的 SA 影响，从而提高定位精度。

2010 年 12 月 5 日下午俄罗斯发射的 3 颗 GLONASS-M 型全球导航系统导航授时卫星未能进入预定轨道并随即坠入太平洋。俄航天部发布的消息说，从哈萨克斯坦拜科努尔发射场升空的一枚运载火箭，在飞行过程中可能发生故障，其产生的推力过大，使卫星达到的高度超过了预定轨道。入轨失败后，卫星坠入了太平洋夏威夷附近海域。目前俄已成立委员会，对事故具体原因展开调查。俄国防部官员指出，此次事故对俄 GLONASS 导航系统的建设不会产生严重影响，当前该系统在轨运行的卫星和备用卫星完全能保证导航信号覆盖俄全境。此次发射使用的是俄"质子-M"型火箭。按规程，该火箭升空 3 个多小时后，应与火箭推进器分离并进入预定轨道。这是俄罗斯当年第三次发射 GLONASS 导航系统卫星。目前该系统在轨卫星总数为 26 颗，其中 20 颗正常工作，4 颗正接受技术维护，另有 2 颗处于"预备役"状态。按计划，俄航天部门本月还将从俄西北部的普列谢茨克发射一颗 GLONASS-K 型新一代导航卫星。2013年7月2日上午，在哈萨克斯坦拜科努尔航天发射场，俄罗斯"质子M"运载火箭搭载三颗俄国GLONASS导航卫星发射升空后，火箭离地不久即发生故障，箭体大角度偏离航线并空中解体，最后坠地爆炸。

GLONASS系统原定于2012年12月31日正式投入使用。在启用后，它将由俄国空天防御部管理。但2012年国防部长和空天防御部司令易人拖延了这一进程。现在该系统启用的日期还没有确定。俄罗斯《消息报》2013年1月21日称，俄机械制造科学研究所副所长谢尔盖·列夫尼维赫说："目前，包括国防部在内的所有相关方已经就启用GLONASS系统的相关文件达成协议。1月底到2月初将举行由空天防御兵和俄航天署代表出席的联合技术会议，以便最终协调关于启用该系统的全部问题。"

GLONASS事故紧急反应系统是在俄GLONASS卫星导航系统的基础上研制的车载接收设备，用于在发生交通事故时通过卫星向应急部门报告情况，以降低交通事故死亡率。俄联邦航天署表示，这种将于2014年初启用的系统能将救援反应时间缩短10%至30%。

欧亚经济委员会今年年初通过的道路安全技术规范中规定，从2015年起，所有在俄境内销售的新型轿车、火车和公共汽车都应安装GLONASS事故紧急反应系统。俄议会正在拟订的法案是对这项规定的补充，将安装范围扩大到俄境内所有适用该系统的道路交通工具。

GLONASS事故紧急反应系统将由汽车制造商直接安装，车主无需为此服务支付费用。但汽车制造商估计，该系统终端将使汽车成本提高约 4,000 卢布（约合 133 美元）。

据俄罗斯媒体报道，俄国家杜马（议会下院）正在起草一项法案，规定从 2020 年起，所有俄境内登记的道路交通工具必须强制安装 GLONASS 事故紧急反应系统。

2014 年索契冬奥会物流与交通中心项目应用了 GLONASS，管理各种运输方式，包括铁路运输、公路运输、海运，俄罗斯首次为货运运营商和他们的客户开发了一个公用综合信息系统。为索契冬奥会承担运输任务的 1300 辆车安装了 GLONASS 设备，运用格洛纳斯技术控制中心可以在线监控车辆运行情况。

2014 年 3 月 24 日，俄罗斯国防部当天成功用"联盟 2-1B"火箭将一颗 GLONASS-M 导航卫星送入轨道。

俄罗斯国防部空天防御部队新闻发言人佐洛图欣表示，俄空天防御部队于莫斯科时间 24 日 2 时 54 分（北京时间 6 时 54 分）在俄北部普列谢茨克发射场进行了此次发射，卫星于莫斯科时间 6 时 26 分（北京时间 10 时 26 分）与推进器成功分离，进入预定轨道。

这颗 GLONASS-M 导航卫星编号 54，将用于新一代 GLONASS 导航系统，可提高其定位精确度。

2014 年 6 月 15 日，俄罗斯一颗 GLONASS-M 导航卫星 15 日凌晨成功进入预定轨道。这是俄罗斯该年发射的第二颗 GLONASS 导航系统卫星。

据俄罗斯国防部空天防御部队新闻发言人佐洛图欣介绍，这颗卫星于莫斯科时间 14 日 21 时 17 分（北京时间 15 日 1 时 17 分）在俄北部普列谢茨克发射场发射升空，大约 3 个半小时后顺利进入预定轨道，卫星所载系统运行正常。

5.3 欧洲"伽利略"系统

"伽利略"卫星导航系统（Galileo Satellite Navigation System），是由欧盟研制和建立的全球卫星导航定位系统，该计划于 1999 年 2 月由欧洲委员会公布，欧洲委员会和欧空局共同负责，耗资超过 30 亿欧元。如图 5-3-1 所示。

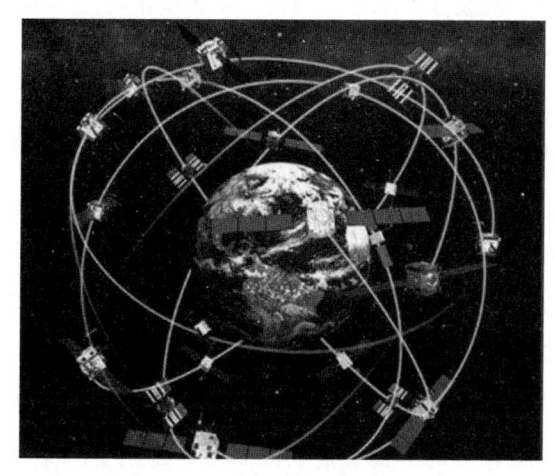

图 5-3-1　伽利略导航系统

目前全世界使用的导航定位系统主要是美国的 GPS 系统，欧洲人认为这并不安全。为了建立欧洲自己控制的民用全球卫星导航系统，欧洲人决定实施"伽利略"计划。"伽利略"系统的构建计划最早在 1999 年欧盟委员会的一份报告中提出，经过多方论证后，于 2002 年 3 月正式启动。系统原定于 2008 年建成，但由于技术等问题，延长到了 2011 年。2010 年初，欧盟委员会再次宣布，"伽利略"系统将推迟到 2014 年投入运营。

与美国的 GPS 系统相比,"伽利略"系统更先进,也更可靠。美国 GPS 向别国提供的卫星信号,只能发现地面大约 10 米长的物体,而"伽利略"的卫星则能发现 1 米长的目标。一位军事专家形象地比喻说,GPS 系统只能找到街道,而"伽利略"则可找到家门。

"伽利略"计划对欧盟具有关键意义,它不仅能使人们的生活更加方便,还将为欧盟的工业和商业带来可观的经济效益。更重要的是,欧盟将从此拥有自己的全球卫星导航系统,有助于打破美国 GPS 导航系统的垄断地位,从而在全球高科技竞争浪潮中获取有利位置,并为将来建设欧洲独立防务创造条件。

"伽利略"系统是世界上第一个基于民用的全球卫星导航定位系统,在 2008 年投入运行后,全球的用户使用多制式的接收机,获得更多的导航定位卫星的信号,将无形中极大地提高导航定位的精度,这是"伽利略"计划给用户带来的直接好处。另外,由于全球将出现多套全球导航定位系统,从市场的发展来看,将会出现 GPS 系统与"伽利略"系统竞争的局面,竞争会使用户得到更稳定的信号、更优质的服务。世界上多套全球导航定位系统并存,相互之间的制约和互补将是各国大力发展全球导航定位产业的根本保证。

早在 2002 年,由于德国和意大利在领导欧空局实施"伽利略卫星导航计划"这个问题上一直争吵不休,导致欧空局的半数预算未能到位。

"伽利略"计划一再推迟的原因其中有经济上的因素,即面临经济危机的问题。经济危机前一段时间欧洲人确实对于"伽利略"的投入问题产生了很多分歧。另外一个导致"伽利略"计划滞后的原因还在于欧盟的政治体制，由于多个国家之间需要长时间地磋商，这也导致了它进度缓慢。

"伽利略"计划是欧洲自主、独立的全球多模式卫星定位导航系统，提供高精度，高可靠性的定位服务，实现完全非军方控制、管理，可以进行覆盖全球的导航和定位功能。"伽利略"系统还能够和美国的 GPS、俄罗斯的 GLONASS 系统实现多系统内的相互合作，任何用户将来都可以用一个多系统接收机采集各个系统的数据或者各系统数据的组合来实现定位导航的要求。

"伽利略"系统可以发送实时的高精度定位信息，这是现有的卫星导航系统所没有的，同时"伽利略"系统能够保证在许多特殊情况下提供服务，如果失败也能在几秒钟内通知客户。与美国的 GPS 相比，"伽利略"系统更先进，也更可靠。美国 GPS 向别国提供的卫星信号，只能发现地面大约 10 米长的物体，而"伽利略"的卫星（图 5-3-2）则能发现 1 米长的目标，这是伽利略系统的优势。

图 5-3-2 伽利略导航卫星

该系统的意义在于不仅能使人们的生活更加方便,还将为欧盟的工业和商业带来可观的经济效益。更为重要的是,欧盟将从此拥有自己的全球卫星导航系统,这有助于打破美国 GPS 系统的垄断地位,从而在全球高科技竞争浪潮中获取有利地位,更可为将来建设欧洲独立防务创造条件。

在"伽利略"导航系统中,我们可以看到中国的身影。2003 年,欧洲人主动"邀请"中方加入伽利略全球卫星导航系统,中方欣然受之。欧洲把中国纳入,不仅使欧洲一些国家的领导人赚足了政治资本,也使"伽利略"计划捉襟见肘的财政状况得到极大缓解,更给"伽利略"进入中国诱人的市场打下了基础。2004 年中欧正式签署技术合作协议,中方承诺投入 2.3 亿欧元的巨额资金。2005 年,"伽利略"首颗"中轨道"实验卫星发射,标志着欧盟"伽利略"计划从设计向运转方向转变。在此背景下,中国开始把注意力转移到"北斗"系统上。2007 年发射的第四颗"北斗"一号导航卫星,替换了退役的卫星,"北斗"系统开始激活。到 2007 年底,中国成功发射了第一颗"中轨道"导航系统,标志着"北斗"系统在技术和规划上的重大突破。由于实质参与欧洲"伽利略"卫星导航系统受挫,中国决定"单干"。2006 年 11 月,中国对外宣布,将在今后几年内发射导航卫星,开发自己的全球卫星导航和定位系统,到 2007 年底,有关覆盖全球的"北斗"二号系统计划浮出水面。直到 2008 年 4 月 27 日,"伽利略"系统的第二颗实验卫星才升空,此时距上次发射已经有差不多四年时间,比最初的计划推迟了整整五年。"北斗"二号横空出世,不仅使欧洲"伽利略"系统准备与美国 GPS 一争高下的愿望大打折扣，也冲淡了"伽利略"未来的市场前景。"北斗"二号在技术上比"伽利略"更先进，定位精度甚至达到 0.5 米级，令欧洲人深受震撼。另一方面，之前"伽利略"计划的推出，刺激了美国和俄罗斯加快技术更新，新一代 GPS 和新一代"格洛纳斯"的定位精度等技术指标均很快反超"伽利略"，"伽利略"逐渐丧失了技术相对领先的优势。按照国际电信联盟通用的程序，中国已经向该组织通报了准备使用的卫星发射频率，这一频率正好是欧洲"伽利略"系统准备用于"公共管理服务"的频率。频道是稀有资源。占得先机的美国和俄罗斯分别拥有最好的使用频率，中国所看中的频率被认为是美国和俄罗斯之后的"次优"频率。按照"谁先使用谁先得"的国际法原则，中国和欧盟成了此频率的竞争者。然而，中国在 2009 年发射三颗"北斗"二代卫星，正式启用该频率，而欧盟连预定的三颗实验卫星都没有射齐，注定败下阵来，失去对频率的所有权。"伽利略"系统的基本服务有导航、定位、授时；特殊服务有搜索与救援（SAR 功能）；扩展应用服务系统有在飞机导航和着陆系统中的应用、铁路安全运行调度、海上运输系统、陆地车队运输调度、精准农业。

5.4 GSM 定位系统

全球移动通信系统（Global System for Mobile Communication）就是众所周知的 GSM，是当前应用最为广泛的移动电话标准。全球超过 10 亿人正在使用 GSM

电话。GSM 标准的无处不在使得在移动电话运营商之间签署"漫游协定"后用户的国际漫游变得很平常。GSM 较之它以前的标准最大的不同是它的信令和语音信道都是数字式的，因此 GSM 被看作是第二代（2G）移动电话系统。这说明数字通信从很早就已经构建到系统中。

2015 年，全球诸多 GSM 网络运营商，已经将 2017 年确定为关闭 GSM 网络的年份。

GSM 是由欧洲电信标准组织 ETSI 制订的一个数字移动通信标准。它的空中接口采用时分多址技术。GSM 标准的设备占据当前全球蜂窝移动通信设备市场 80%以上。

GSM 是一个当前由 3GPP 开发的开放标准。从用户观点出发，GSM 的主要优势在于用户可以从更高的数字语音质量和低费用的短信之间做出选择。网络运营商的优势是他们可以根据不同的客户定制他们的设备配置，因为 GSM 作为开放标准提供了更容易的互操作性。这样，标准就允许网络运营商提供漫游服务，用户就可以在全球使用他们的移动电话了。

GSM 是一个蜂窝网络，也就是说移动电话要连接到它能搜索到的最近的蜂窝单元区域。GSM 网络运行在多个不同的无线电频率上。

GSM 网络一共有 4 种不同的蜂窝单元尺寸：巨蜂窝、微蜂窝、微微蜂窝和伞蜂窝。覆盖面积因不同的环境而不同。巨蜂窝可以被看作基站天线安装在天线杆或者建筑物顶上；微蜂窝则是天线高度低于平均建筑高度，一般用于市区内；微微蜂窝则是那种很小的蜂窝，只覆盖几十米的范围，主要用于室内；伞蜂窝则是用于覆盖更小的蜂窝网的盲区，填补蜂窝之间的信号空白区域。

GSM 移动定位系统 主要由 3 部分组成：定位处理、移动定位中心（MPC）和定位服务（LCS）应用。GSM 移动运营商只需在现有网络中增加一个网络节点 MPC 即可提供基于位置的服务（LBS）。

移动定位中心作为 PLMN 和定位服务应用之间的中介设备，主要负责计算定位并将定位数据转换为具体的地理测量坐标系统，是移动定位系统（MPS）的关键节点。它由两个实体组成：网关移动位置中心（GMLC）和服务移动位置中心（SMLC）。GMLC 是外部 LCS 应用进入 GSM 网的第一个节点，GMLC 从 HLR（本地位置寄存器）中获得路由信息，鉴权通过后，向 MSC/VLR（访问位置寄存器）发出定位请求，并接收最终定位结果；SMLC 管理所有用于手机定位的资源，处理 MS 的地理位置信息。

MPC 还包括统计、流量控制、SP（服务提供商）管理、计费和小区数据输入等模块。对于所创建的每一个定位回应，MPC 都将生成计费数据并以 ASN.1/BER 格式存储在文件中，MPC 管理员可以对创建计费数据文件的时间、地点和时间间隔进行配置，计费记录中除地理位置外包括所有与请求及其所得到的回应相关的信息。而 MPC 小区数据输入功能实现了用于地理位置计算的小区数据在外部网管中心（OMC）到 MPC 之间的传递，使小区数据就可以得到自动更新或使用 MPC 工具进行人工更新。

定位处理过程主要在 SMPC 中完成，用于找出并发送终端的定位数据。定位处理过程包含了与网关移动定位中心（GMPC）进行通信的信令以及不同网元之间的信令流程处理。

定位服务应用端装有使用定位信息的各个应用模块。

对于内部应用（如用于即时紧急呼叫）模块，利用基于七号信令的协议或通过 TCP/IP 实现与 MPC 之间的信息交互；而外部应用（由系统厂商、运营商和第 3 方应用开发商向系统提供的各种定位应用），则通过标准 TCP/IP 和 HTTP 协议实现与 MPC 之间的信息交互。其中地理信息系统引擎（包含地理信息发布平台、空间数据库、地理编码、路径搜索等功能）是定位服务应用端的核心。

到 2004 年全球有超过 10 亿人使用 GSM 电话，GSM 电话占到全球移动电话市场份额的 70%。GSM 的主要竞争 CDMA（主要在美国和加拿大使用）尽管有好的前景但是有限，被作为 3G 标准过渡的 CDMA 没有展现出全部的功能。还有，因为 W-CDMA 网络建设的推迟，导致至少在高密度通话这块市场 GSM 的消亡速度还很慢，但是那是迟早的事情。

GSM 系统主要由移动台（MS）、移动网子系统（NSS）、基站子系统（BSS）和操作支持子系统（OSS）四部分组成。

移动台是公用 GSM 移动通信网中用户使用的设备，也是用户能够直接接触的整个 GSM 系统中的唯一设备。移动台的类型不仅包括手持台，还包括车载台和便携式台。随着 GSM 标准的数字式手持台进一步小型、轻巧和增加功能的发展趋势，手持台的用户将占整个用户的极大部分。

基站子系统（BSS）是 GSM 系统中与无线蜂窝方面关系最直接的基本组成部分。它通过无线接口直接与移动台相接，负责无线发送接收和无线资源管理。另一方面，基站子系统与网络子系统（NSS）中的移动业务交换中心（MSC）相连，实现移动用户之间或移动用户与固定网络用户之间的通信连接，传送系统信号和用户信息等。当然，要对 BSS 部分进行操作维护管理，还要建立 BSS 与操作支持子系统（OSS）之间的通信连接。

移动网子系统（NSS）主要包含有 GSM 系统的交换功能和用于用户数据与移动性管理、安全性管理所需的数据库功能，它对 GSM 移动用户之间通信和 GSM 移动用户与其他通信网用户之间通信起着管理作用。NSS 由一系列功能实体构成，整个 GSM 系统内部，即 NSS 的各功能实体之间和 NSS 与 BSS 之间都通过符合 CCITT 信令系统 No.7 协议和 GSM 规范的 7 号信令网路互相通信。

操作支持子系统（OSS）需完成许多任务，包括移动用户管理、移动设备管理以及网路操作和维护。如图 5-4-1 所示。

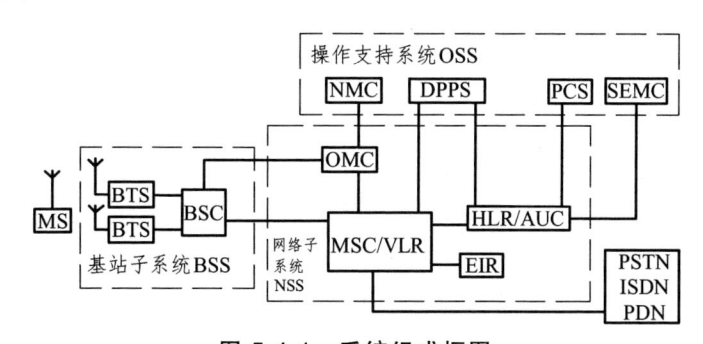

图 5-4-1 系统组成框图

第 6 章

卫星导航系统的应用

6.1 航　空
6.2 航　海
6.3 通信与导航的融合
6.4 人员跟踪
6.5 消费娱乐
6.6 测　绘
6.7 授　时
6.8 车辆监控管理

卫星导航的应用是建立导航卫星系统的根本出发点，也是其最终的归宿。通常卫星导航的应用市场可以分为三大方面，即专业市场、批量市场和安防市场。全球卫星导航系统，从应用的角度可分成以下 10 类加以简述，分别是：航空、航海、通信、人员跟踪、消费娱乐、测绘、授时、车辆监控管理和汽车导航与信息服务以及其他类。

6.1 航　空

欧盟的 Galileo 便是新建的全球导航系统，它与 GPS 配合起来，可以大大提高导航卫星的可用性，使单一的 GPS 市区可用性从 55%提高到 GPS 和 Galileo 共用时的 95%。GPS 技术建立广域增强系统（WAAS）逐步代替原先的微波着陆仪表着陆系统（ILS），美国的 WAAS 系统计划在 2003 年下半年运营，地面改正数据可以通过近地卫星转发给飞机。

在民用航空领域，中国的导航方式主要依赖地面导航基站，主要由全向信标设备和测距仪设备组成。该设备技术原理复杂，设计工艺要求高，目前国内还无厂家可以制造出来，主要来源依赖于进口，其造价成本极高。以国内南北航路为例，其长度达几千千米，每 300 km 需要一个导航台站，每个台站都必须配备两套导航设备，外加机房建设，人员管理等，其费用开支极高，给我国民用航空的发展带来了极大的限制。所以，卫星导航系统在民用航空领域方面的应用在全球有着很大的市场，对经济甚至世界文明的发展有着非常大的意义。

尽管从纯技术革新和进步的意义上讲，第一代TRANSIT卫星导航系统开创了导航技术的新纪元。但TRANSIT并未在航空导航领域得到应用，卫星导航技术真正用于航空导航可以说是始于GPS系统。20世纪70年代初期，当GPS计划正在酝酿和方案论证阶段，有人就提出用有限的GPS卫星和高度表组合实现飞机导航、进场和起飞，并进行了大量的仿真研究。80年代初，即1983年，在当时仅有5颗GPS卫星的情况下，ROCKWELL的商用飞机SABRELINER（军刀）就载着《航空周刊和空间技术》的公正观测员和几名客人，从美国的艾奥瓦州首航大西洋到达法国的巴黎，其导航系统使用一台单通道双频军用GPS接收机和一台单通道单频民用GPS接收机进行全程GPS导航，中途有四次着陆主要是为了等待GPS卫星信号。这次GPS导航是成功的，但FAA的官员对于利用GPS进行航空导航仍持保留态度和疑虑，这些疑虑主要表现在以下几方面：

（1）选择可用性问题。

（2）5颗卫星覆盖的连续性和可用性问题。

（3）完善性问题。

（4）费用（包括用户系统价格和GPS收费）。

选择可用性影响GPS导航系统的精度、完善性、可用性和服务连续性，影响GPS用于航空导航的可靠性和航行安全，而用户GPS导航系统和设备的价格以及GPS的收费标准直接关系到用户的承受能力。20世纪80年代后期至今，GPS用户设备价格逐年下降，体积也越来越小；各种增强技术、差分技术和组合技术日趋成熟，GLONASS也完全安装并投入使用，这些都为 GPS 在航空导航中的应用带来了广阔的前景。

6.1.1　GPS 和广域增强系统能满足空域航路精度、完善性和可用性的要求

GPS 的精度远优于现有任何航路用导航系统，这种精度的提高和连续性服务的改善有助于有效利用空域，实现最佳的空域划分和管理、空中交通流量管理以及飞行路径管理，为空中运输服务开辟了广阔的应用前景，同时也降低了营运成本，保证了空中交通管制的灵活性。GPS 的全球、全天候、无误差积累的特点，更是中、远程航线上目前最好的导航系统。按照国际民航组织的部署，GPS 将逐渐替代现有的其他无线电导航系统。GPS 不依赖于地面设备、可与机载计算机等其他设备一起进行航路规划和航路突防，为军用飞机的导航增加了许多灵活性。

6.1.2　进场/着陆

包括非精密进场/着陆，CAT-1、CAT-2、CAT-3 类精密进场/着陆。GPS 及其广域增强系统完全满足非精密进场/着陆对精度、完善性和可用性的要求；再用局域伪距差分技术/系统增强，能满足 CAT-1、CAT-2 类精密进场的要求。目前实验表明，采用载波相位差分技术，精度可达到 CAI-3b 类的要求。可以肯定，各种增强和组合系统（如 LAAS、WAAS、INS 等）与 GPS 将成为进场/着陆的主要手段，仪表着陆将最终被取代。由于 GPS 着陆系统设备简

单、无需复杂的地面支持系统,它将适合于任何机场,包括私人机场和山区机场。理论上,GPS着陆系统可以引导飞机沿着任意一条飞行剖面和进场路径着陆,这就增强了各种机场着陆的灵活性和盲降能力。

6.1.3 场面监视和管理

包括终端飞行管理和机场场面监视/管理。场面监视和管理的目的就是要减少起飞和进场滞留时间,监视和调度机场的飞机和人员,最大效率地利用终端空间和机场,以保证飞行安全。GPS、数字地图和数字通信链为开发先进的场面导航、通信和监视系统提供了全新的技术,可以确信基于 GPS/数字地图的场面监视和管理将为机场带来很大效益。利用基于卫星的通信、导航和监视手段,可以对运行航空器进行实时监视,便于空中交通管制员(ATC)和航空公司运行控制中心(AOC)随时掌握航空器飞行动态,包括在境外飞行的航空器。这有利于合理实施空域管理和流量管理,改善运行经济性,提高航班正点率。

6.1.4 航路监视

目前的航路监视是一种非相关监视系统,主要是利用各种雷达系统,可以和机载导航系统互成备份。但这种监视系统的地面设备和机载设备复杂,价格高,监视精度随距离而变化,作用距离有限,不可能实现全球覆盖和全球无间隙监视。GPS和航空移动卫星系统的出现,将改变这种传统的监视方法,机载GPS导航系统通过通信自动报告自己的位置这种自动相关监视系统 ADS 将被取代。

中国民航 PBN 规划对"北斗"建设的建议：ICAO 在 2007 年 9 月第 36 届大会上，正式要求各缔约成员国，2009 年底前必须制定完成 PBN（Performance Based Navigation）实施规划，2016 年完成全部实施工作，以全球协调一致的方式从传统飞行模式过渡到 PBN 飞行模式。PBN 即"基于性能导航"概念，两个关键要素是区域导航（RNAV）和所需导航性能（RNP）概念。根据 ICAO《PERFORMANCE BASED NAVIGATIONMANUAL》的定义，PBN 规定了 RNAV 系统在沿 ATS 航路、空域飞行时的性能要求。性能要求以在特定空域运行时所需要的精度、完好性、连续性、可用性和功能来定义。中国民航局根据 ICAO 对 PBN 规划，专门成立了"中国民航 PBN 路线图"制定小组，计划于 2009 年 6 月向国际民航组织提交 PBN 实施规划。美国 FAA 于 2006 年 6 月已完成《Roadmap for Performance-Based Navigation》的制定工作，日本 JCAB 于 2007 年完成《RNAV Roadmap》的制定工作。

中国民航对 PBN 规划，初步设想分为近期（2009—2012 年）、中期（2013—2016 年）和远期（2017—2025 年）三个阶段。迄今为止，我国在南中国海和西部地区划设了 RNP10 和 RNP4 标准的区域导航航路，在天津、北京、广州实施了 RNAV 飞行程序，在拉萨、林芝、九寨、丽江试验和实施了 RNP 飞行程序，特别是林芝机场，有效解决了地基传统导航台无法实现终端区导航的问题。PBN 是国际民航组织在整合各国运行实践和运行标准的基础上提出的一种新型运行概念，代表了从基于传感器导航到基于性能导航的转变。它的应用和推广将是飞行运行方式的重大变革，对中国民航的飞行运行、机载设备、机场建设、导航设施布局和空域使用产生重大影响，对有效促进行业安全、提高飞行品质和减少地面设施投入具有积极作用。

为了加强我国自主导航系统的影响力，提升我国卫星导航服务整体水平，使"北斗"二代导航卫星系统能更好地满足我国民航 PBN 运行的需要，参考中国民航在使用其他卫星导航系统中积累的经验，建议"北斗"（Compass）系统在建设中考虑以下几个方面的问题：加强研究单位和民航局之间的沟通和协调，民航局愿意与相关研究部门分享卫星导航的使用经验。借助"大飞机"研制计划，民航局可以为"北斗"卫星的研究工作提供相应的验证平台和试验环境。在建设中考虑民航运输业对卫星导航系统高性能的需求，分阶段逐步实现和完善相应的功能，使 Compass 系统定位精度、尤其是垂直精度满足特殊机场 RNP 进近的需要，提高系统完好性、可用性和连续性。图 6-1-1 为北斗卫星导航系统。

图 6-1-1 北斗卫星导航系统

6.2 航　海

随着卫星定位系统的作用越来越深入，各种应用卫星的定位系统应运而生。随着卫星定位的作用越来越明显，航海对卫星定位的依赖已经无法分开。GPS 作为位置信号源的意义犹如从前时钟发明时作为时间信号源一样，将会随处可见。

由于卫星定位具有全球性、全天候、精度好、接收机体积小、功能全、操作简单、自动化程度高等优点，开放民用后受到广泛好评，被广泛应用于船舶导航、海上油井定位、海洋调查、大地测量、地球物理研究等。中国远洋运输在 20 世纪 80 年代初也引入了子午仪卫星导航系统。但是，随着用户的要求不断提高，子午仪卫星导航系统也暴露出不少问题。子午仪卫星导航系统从 1964 年交付使用，至 1993 年 GPS 建成后关闭，历时 30 年，得到广泛的应用，并显示出巨大的优越性，完成了历史的使命。

GPS 是采用导航卫星进行测时和测距构成的全球定位系统。从 1973 年正式提出到 1993 年底建成，历时 20 年。GPS 对人类活动影响很大，应用价值极高，美国政府和军队高度重视，投资 300 亿美元来建设这一工程，成为继阿波罗登月计划和航天飞行计划之后的第三大空间计划。它从根本上解决了人类在地球上定位和导航的问题。目前，GPS 的应用已深入航海领域。船舶航行、海上交管、海洋测量、石油勘探、远洋捕捞、浮标建立、海底管道和电缆铺设、海岛和暗礁定位、船舶进出港引航等广泛应用。

6.2.1 GPS 在船舶航行中的应用

今天的航海已经十分依赖 GPS。无论是大洋航行、船舶转向，还是记中午船位、推算船位、对时、拨钟，甚至抛锚都使用 GPS。以至于出现 GPS 坏了，船长不开船的情况。可见，GPS 在船舶航海中的重要性。

（1）大圆航法的应用。使用大圆航法，有的航线可以节约几天的时间。例如从中国驶往美国西海岸航线。在 GPS 出现之前，船舶很难按照理论完成高纬度的大圆航行。因为，大圆航法有几十个甚至几百个转向点，每一个转向点都需要测出一个准确的船位来确定转向，这在前 GPS 时代是非常困难的，也是非常烦琐的。没有人能够较准确地走完大圆航线，多数是将大圆航线变成了多边形的航线。GPS 的出现改变了这一切。多少个转向点都不成困难。很多细心的驾驶员有准确走过大圆航线的经历，甚至准确地算出能节约几天时间。

（2）船舶转向的应用。船舶转向，必须确定准确的转向点，不然就会偏航，甚至搁浅。例如，某远洋公司新会轮就因提前转向在西沙暗礁搁浅。但是，在大风浪以及恶劣天气中，在茫茫大洋上要测出一个准确船位也不是一件易事。为了一个船位，船长、大副、二副、三副凌晨起床守候日出是常有的事。GPS 的出现，全天候的实时船位解决了这一切。

（3）记中午船位。每天中午测中天，记下所测得的船位。这是二副每天必须做的。它曾经让老船员自豪地讲述天体，让憧憬大海的孩子不解地望着天空。GPS让人们淡忘了它。

（4）记推算船位。现在的航行船舶每小时记一个GPS船位，因为GPS太普及了。有的船至少有两台，此外，C站也带有GPS功能，AIS也带有GPS接收，许多航海者有了自己的手提GPS。

（5）抛锚。先选好锚位，量出锚位经纬度，朝着锚位开去，GPS显示进入锚位，抛锚。

6.2.2　GPS在船舶进出港中的应用

在进出港时，由于有限的航道和有限的时间，尤其是船只交会的时候，可以选用差分GPS来保证导航的精度，避免搁浅和碰撞。

应用差分GPS导航进出港，必须考虑建立以下功能：

（1）增加港口水域图显示系统。将港口附近水域、地形、地貌等要素，以1∶50万、1∶10万和1∶5 000比例尺编成数字地图，存储在计算机中，可以随时调用各种比例尺图，将船舶的位置显示在显示器上。

（2）统一地心坐标和数据处理系统。GPS接收机收到卫星信号和差分信号后，输出的是地心坐标。必须统一地心坐标系统和数据处理系统，形成统一的航行图。

（3）预置航线和航路。根据港口和航道的划分，将港口分区，将航道分线，标出航道编号。由调度将准许航行的航线和进出港口泊位编号告知船舶，并在该船的航行图上显示出来。

（4）计算偏航值。由计算机计算出船舶所在位置与标准航线的偏离值，并给出校正航线的方位和大小。

（5）控制水深。为避免搁浅、触礁，了解航道水下的状况，船舶均设置测深仪。采用计算机控制测深仪的自动定标、开关量程转换，以及自动报警等功能，并将有关信息显示出来。

（6）记录存储。将以上各种信息全部存储起来，可进行事后调阅，显示该船舶的航迹图及航道线，这对分析港口航行事故并作出正确的判断有很大的帮助。

（7）监视系统。经过卫星或发信机将船位实时发送到调度监控室，从调度监控室的监视屏上查看船舶进出港的情景。

利用差分 GPS 进行船舶进出港口管理是具有极大吸引力的。这种系统功能强，在地形图上显示出高精度定位的本船位置，能根据需要选择不同的比例尺显示。这种系统直观方便，引航员能准确知道自己的位置和航行趋势。这种系统能全天候运作，在能见度很低的雾天条件下能正常工作，这是过去目视导标引航所不及的。

6.2.3　GPS 在测定船舶机动性能中的应用

（1）船舶航速测量。要准确测定船舶航速，必须在离岸较远的深水区进行，特别是对吃水较深的巨轮。过去，在测试船舶的航速时，都采用高精度无线电定位仪来测定，相对误差不超过 1%，但比较烦琐。必须经过多次测定，选择传播条件优越、网格分布均匀的高精度工作区，利用船载无线电定位仪记录两点的航行距离和时间，求出平均速度。GPS 的出现，使航速测量更加简单方便。利用差分 GPS 定位技术，使用之字形等航行法，可使航速测量的相对误差不超过 0.1%。但值得注意的是，直接利用标准 GPS 服务进行测速，相对误差可能会超过 5%。

（2）船舶旋回半径测量。所谓旋回半径是指船舶在一定的舵角和一定的速度条件下，船舶航行的圆形航迹半径。这是船舶机动性能的重要指标。舵角选择不同，所得的旋回半径和旋回周期不同。在测量时，可通过 GPS 接收卫星信号和差分 GPS 信号，实时输出准确的位置信息，至少每半分钟记录一次位置信息。先在同一速度和舵角条件下旋回 3~4 圈，然后，反向航行相同的旋回，并记录信息。通过计算机处理，可以把测量的结果绘制在航迹仪上，直接获得旋回圆曲线图，并计算出旋回半径和旋回周期。这种测量要反复进行，求出不同舵角时的旋回半径和周期。这对船舶准确进出港和在窄航道中航行都有重要作用。

（3）船舶舵角提前量的测量。所谓舵角提前量是指船舶从发出指令开始转舵的位置，到船舶实际航迹已到达新航向时所需航行的距离。为防止船舶编队航行相互碰撞，以及当船舶通过狭窄航道时，必须精确知道船舶各种舵角和不同航速时，到达新航向所需的舵角提前量。这一数据对于正确操纵船舶航行具有十分重要的作用。测试方法与测量旋回半径的方法相同。船舶在航行中，从下达转向舵令开始，连续记录差分 GPS 位置数据，一直到进入新航线，然后绘制出航迹图，求出到达进入新航线时的距离，就得到转换舵角的提前量。不同的舵角和速度具有不同的提前量，必须分别测定。

（4）船舶航向稳定性测量。所谓航向稳定性即操纵能力，是指船舵位于船首线时，船舶保持直线航行的能力。在实际航行中，由于种种原因，尽管舵角为零，但船舶航向却在改变。驾驶员必须根据罗经指示值的变化，不断地操纵船舶，使之保持在预定的航线上航行。如果航向稳定性较高，将会减弱驾驶员的劳动强度，确保航行安全。因此，确定船舶的航向稳定性是十分重要的。测量的方法与测量航速的方法基本相同。所不同的是：船舶不需改变航向；要求的定位精度高一些，定位精度低无法测量出偏航的微小变化。测量时，要连续记录差分 GPS 的位置信息，求出平均方位线的各点相对于平均发展速度方位线的偏离量，最后求出直线航行的稳定性。偏离量越小，稳定性越高，船舶性能越好。在实际应用中，这一指标与考核和提高船员的操纵能力、节省燃油和缩短航行时间密切相关。

（5）船舶惯性测量。驾驶员从发出改变原运动状态的指令，到船舶实际到达所需的新的运动状态之间的延长时间和空间位置的关系，表现了船舶的惯性。当船舶加速或减速时，紧急启动或突然停车时，前进或后退时，都由于船舶自身的惯性，不能立即执行其动作。掌握船舶的惯性，对准确操纵、应付碰撞和处理紧急场面具有重要作用。测量的方法与测速相同。主要是测定从发出指令到船舶到达指令所规定的状态之间的航迹与时间变化的关系曲线。根据测出的船位与时间的变化，通过计算机算出起始点与终止点之间的时间差和距离差，以及其间的变化梯度，就可以分析出各种运动状态不同的惯性特性。

6.2.4 GPS 在校准船舶助航仪器中的应用

船舶上装备的助航设备很多,例如:计程仪、电罗经、磁罗经等。这些设备结构简单,不依赖外部信息。但是,它们最大的缺点是积累误差大,需要定期校准。过去,计程仪是由人工校准的。在试验区内以浮标起点使计程仪置零,然后,以恒速恒向直线航行,在浮标终点上核对计程仪显示的距离值。进行正反航向反复多次取平均值来校准。对罗经的校准是利用船首尾线对准岸上导标,稳定航向后,测量罗经的方位并与导标预知的方位比较实现校准。这种校准方法精度低,且受外界能见度条件的限制。

利用差分 GPS 校准这种助航仪器,不但精度高,而且速度快。用 GPS 实时给出船舶的平面位置,同时记录计程仪和罗经的读数。通过计算机可以求出两点间的距离和方位,以此校准计程仪和罗经。这种校准方法精度高,距离误差小于 0.1%,航向误差小于 5 分。

6.2.5 GPS 作为船舶位置信号源的应用

GPS 的精确定位,让你随时准确地知道你自己在哪里。GPS 作为位置信号源的意义犹如从前时钟发明时作为时间信号源一样,将会无处不在。当年时钟发明时,人们既不能确定这种仪表将能使用的数量,也想象不到精确计时对世界、对人们的生活方式和出现其他产品及服务带来的影响。这就是目前我们所面临的 GPS。

时钟的发明原来也是打算作为一种导航仪表,巧的是 GPS 也是这样。GPS 的最初概念是用于军事定位、武器瞄准和导航系统。接着打算用来替代子午仪、台卡、奥米加等导航系统，为军事应用提供全天候的定位导航。随着位置源要求的出现和各种政治因素的作用，包括苏联的截击机击落韩国航空公司的 007 号班机，以及随后出现的公众强烈抗议，促使当时的美国总统里根于 1984 年宣布，GPS 将向民用团体开放，使造成韩国航班灾难的类似导航错误不再发生。此后，美国政府承诺在可以预见的将来，GPS 将免费提供规定等级的服务。这个保证使工业界得以对 GPS 在硬件、软件和系统开发方面进行大量的投资。由于 GPS 的精确性和廉价的接收设备，使整个世界的用户都愿意使用这种技术。

目前，GPS 作为位置信号源在船舶中应用十分广泛。例如，雷达、电罗经、测深仪、动态定位系统（DP）、AIS、VDR、电子海图，以及卫通 A 站、B 站、C 站、F 站、中高频 DSC 设备、甚高频 DSC 设备等都连接了 GPS。GPS 作为一种位置源的赋能技术，正在受到普遍使用。预计在不久的将来，以 GPS 为基础的产品将会在用户设备市场占据统治地位。

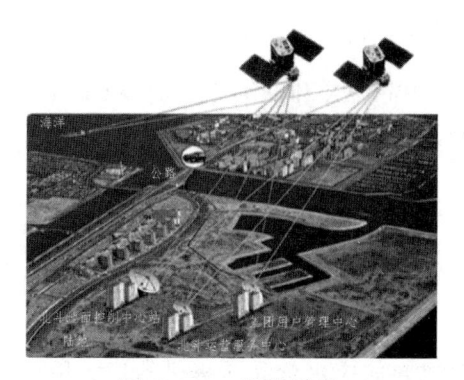

图 6-2-1　海洋导航

6.3 通信与导航的融合

卫星导航接收机与无线电通信机的结合是自然发生的，这种融合产生的意义是非常深远的。实际上，这是移动计算机（PDA）、蜂窝电话和 GPS 接收机的系统集成和完美整合。

TD-SCDMA 是英文 Time Division-Synchronous Code Division Multiple Access（时分同步码分多址）的简称，作为中国提出的 3G 标准，自 1999 年正式向 ITU（国际电联）提交以来，已经历经十来年的时间，完成了标准的专家组评估、ITU 认可并发布、与 3GPP（第三代伙伴项目）体系的融合、新技术特性的引入等一系列的国际标准化工作，从而使 TD-SCDMA 标准成为第一个由中国提出的、以我国知识产权为主的、被国际上广泛接受和认可的无线通信国际标准。这是我国电信史上重要的里程碑。（注：3G 共有 4 个国际标准，另外 3 个分别是美国主导的 CDMA2000、WiMAX 和欧洲主导的 WCDMA）。

北斗卫星导航系统与 TD-SCDMA 技术的融合关系：卫星导航定位技术与 TD-SCDMA 技术的关系是非常密切的。卫星导航定位技术为 TD-SCDMA 技术应用提供精确的授时，而 TD-SCDMA 技术又能够与卫星导航定位技术相结合，形成导航应用产品，提供给广大用户。

6.3.1 北斗卫星导航系统可为 TD-SCDMA 网络提供授时

TD-SCDMA 技术在通信过程中离不开高精度的时间同步。载波频率的稳定、上下时隙的对准、可靠高质量的传送、基站之间的切换、漫游等都需要精确的同步控制。其同步的原理是 TD-SCDMA 网络中的各个单元（基站、终端等）通过授时系统来调整本地时间。目前的解决方法就是在每个基站中配备 GPS，即利用 GPS 定位技术来进行授时。这种方法的优点是时间同步精度高，无须组建网络，获取非常方便。缺点也是明显的：使用 GPS 技术会带来巨大的安全隐患。美国政府从未对 GPS 信号的质量和使用期限作出任何承诺和保证，而且美国军方还具有对特定地区 GPS 信号进行严重降质处理的能力。独立的北斗卫星导航定位技术，可以完美地解决 TD-SCDMA 网络的授时问题，同时也能保障系统工作的安全性。

目前正在运行的第一代北斗导航系统采用单星授时方式，单向授时精度 100 ns，广播式无用户容量限制。第二代北斗导航系统将建成为为全球定位系统，与 GPS 一样采用四星授时方式，授时精度达到 50 ns。

6.3.2 TD-SCDMA 技术可为北斗卫星导航系统提供通信服务

在卫星导航定位技术中，通信模块是不可缺少的。北斗卫星定位和导航过程中的位置信息、调度指令、语音提示等，都要通过通信网络来传输。

作为第三代移动通信技术，TD-SCDMA 技术可以为卫星定位应用带来更好的使用效果和更完美的用户体验：

（1）数据传输速率，可以实时传输各种多媒体内容，包括图像、音频、视频等，可以进行视频通话、视频会议等。

（2）采用智能天线技术，通信信号稳定，抗干扰能力强，语音通话清晰。

（3）能够高速接入互联网，为导航终端提供实时地图更新，以及电子邮件等互联网服务。

6.3.3 TD-SCDMA 技术可作为北斗卫星导航系统的有效补充

在空旷的室外，卫星定位效果很好，但室内、高楼之间等无卫星定位信号或信号很差的地方，使用卫星定位就很难了。在这种情况下，便可采用 TD-SCDMA 技术来进行定位。由于其工作原理的特点，移动通信技术可以说天生就具有终端定位的功能，只是 3G 之前的通信技术，定位精度比较低，还没有像卫星定位技术那样实现大规模的应用。由于 TD-SCDMA 系统采用了智能天线和上行同步等关键技术，可实现较高精度的定位，在没有卫星定位信号的情况下，可以作为备份定位方案或替代定位方案。

6.3.4 北斗卫星导航系统与 TD-SCDMA 融合应用

两者可在多个领域进行结合应用，其中目前比较热点的应用领域有以下几个方面：

（1）辅助全球卫星导航系统（Assisted Global Navigation Satellite System，A-GNSS）领域的融合。利用 TD-SCDMA 网络向北斗导航接收器传送辅助卫星信息，以缩减北斗导航芯片获取卫星信号的延迟时间，减少首次定位时间。在卫星信号较弱的受遮盖地区（楼宇之间、树林、室内等），则可利用 TD-SCDMA 网络的定位功能来弥补，减轻北斗导航芯片对卫星的依赖度。

（2）卫星导航终端地图领域的融合。卫星导航终端中，地图的作用是非常重要的，目前 2d 和 3d 导航地图的数据容量非常大，如果存放在导航仪中，需要海量存储设备。如果通过移动通信网络，向北斗导航仪传送在线导航地图的，将大大减少导航仪的本地存储压力，大幅降低产品成本。利用 TD-SCDMA 移动通信技术的高速传输能力，可以实现导航地图的实时传输，以及导航语音提示的传输。

（3）智能交通领域的融合。包括车辆位置跟踪、实时交通控制、动态交通诱导等。同时还可以开展多种增值服务，如车辆防盗服务、远行车辆联组服务、旅游信息服务、高速公路自动收费等。

（4）移动位置服务（Location Based Service，LBS）领域的融合。LBS 是一种移动互联网服务和定位服务的融合业务，具有广阔的市场前景。利用北斗卫星导航系统获取移动用户的位置信息（经纬度坐标），在电子地图平台下，通过 TD-SCDMA 高速移动互联网为移动用户提供相应信息和搜索服务，包括建筑、道路、商业、交通等，以及其他各种互联网服务。

6.4 人员跟踪

人员跟踪的应用需求与 E911 这类导航手机与称定位手机思路相似，但其产品类型和主要功能定位则与它们大相径庭。首先要求其体积和功耗要小，便于隐藏或佩带，如手表之类。其应用功能可以由中心加以激活或启动，以利于获取佩带者所在位置。下面来介绍一款基于北斗卫星的野外追踪定位系统。

1）系统整体框图

本野外追踪定位系统主要有两部分构成，配备给野外工作人员的手持定位导航终端与营地的监控指挥中心。

手持定位导航终端包括 GPS 模块、北斗模块与装载安卓操作系统组成的一体式手持式设备，实现定位导航、精密授时、短报文通信和紧急报警等功能；监控指挥中心由北斗卫星一体机、中心服务器、数据库和监控平台组成，拥有人员实时定位、数据通信、路径查询与紧急报警等功能。

2）手持定位导航终端

卫星定位导航系统如今常用的有 GPS 卫星定位系统

与北斗卫星定位系统两种，GPS 是美国从 20 世纪 60 年代提出方 1993 年全面建成的卫星导航系统，具有定位精度高，定位速度快的优势，目前已被广泛应用于各行各业。北斗卫星导航系统是我国自行研制的全球卫星定位与通信系统，具有一定的保密、抗干扰和抗摧毁能力。自 2011 年 12 月 27 日起，北斗卫星导航系统开始向中国及周边地区提供连续的导航定位和授时服务。其范围覆盖中国及周边国家和地区，24 小时服务，无通信盲区，具备定位与通信功能，无需其他通信系统支持，比起其他的导航系统，北斗的短报文通信服务，具有无与伦比的优势，从而可以使中心控制系统与用户终端之间进行数据通信。

  本系统的手持定位导航终端采用的是智星通公司的 BD-S-01A 北斗手持终端，该手持终端包括 GPS 模块、北斗模块与装载安卓操作系统组成的一体式手持式设备。设备有 GPS 卫星和北斗卫星双定位导航系统并内嵌离线地图，同时具有短报文通信、精密授时与紧急报警功能，机内配置的电池能够保证终端持续工作 8 小时以上（发射频度不超过 1 次/分钟）。将 GPS 和北斗定位导航系统结合在一起使用，不仅可以充分发挥 GPS 定位导航的优势，增加定位精度，而且发挥北斗的用户终端和中心系统的通信功能，有助于实现野外工作人员的定位、导航、通信、指挥、调度等工作，同时为各种突发事件提供安全、可靠、便捷的通信保障服务。

  野外工作人员配备手持定位导航终端后，可查看自己的当前位置，进行定位和导航，并且接收来自监控指挥中心的指令或向中心反馈勘查情况。而营地监控人员通过定位终端返回系统的信息，可以了解勘查人员的行走路线和出勤情况等,一旦发生紧急情况,营地监控人员可以根据各野外工作人员所在位置,进行规划抢救,安排人员最快赶赴现场,确保了野外人员的生命安危。

3)监控指挥中心

营地监控指挥中心可让营地人员实时了解与指挥野外工作人员,由北斗卫星一体机、监控平台和数据库构成。

北斗一体机是手持定位导航终端与监控平台通信的枢纽。营地监控指挥中心的北斗卫星一体机不但能够定位和通信,还可实时监控下属用户的位置和通信信息,实现对野外工作人员的监控指挥,北斗一体机将各野外人员的位置及短消息等信息传回营地中心的数据库,供监控平台调用。

监控平台是营地指挥中心人员的系统操作平台,为中心人员提供了野外工作人员的位置信息、行走路线信息、与野外人员互通信、历史工作统计查询等功能。平台采用 B/S 的构架方式,结合 GoogleMap API 的地理信息系统(Geographic Information System,GIS)作为地图定位基础服务,在地图上直接实时显示各野外人员的位置与路径,并了解当地的地形特性信息,为营地中心的指挥工作提供了支持和帮助。在出现意外事故的时候,监控平台可实现紧急报警通知,进行紧急救援处理。

数据库是监控平台与数据存储中心,用于存储卫星地图、野外人员返回的实时与历史位置、通信及指令信息。监控平台通过调用数据库的数据来实现系统数据的存储、管理与备份。

全球卫星定位系统（图 6-4-1）在保障野外工作人员人身安全，人员跟踪监控方面发挥着越来越重要的作用，在科技更加发达的将来，将发挥越来越重要的作用。

图 6-4-1　卫星定位

6.5　消费娱乐

娱乐、人/动物跟踪、车辆跟踪、车载导航系统及通信应用为消费应用。与专业性应用相比，消费应用由于消费群体广泛，发展潜力更大。在登山、野外探险、越野滑雪、汽车拉力赛、自驾旅游、穿越沙漠及原始森林等活动中，带有卫星导航系统的终端已成为户外娱乐的首选装备。此外，将卫星导航模块与多媒体娱乐单元结合形成的娱乐平台可以提供基于位置的多种游戏方式。卫星导航技术在人/动物跟踪方面的应用方便了老人、孩子以及其他需要被保护的特殊群体的监护；可以实时地得到被监护动物的运动轨迹、习性等信息。结合了卫星导航功能的通信设备可以提供用户需要的所有导航定位服务，如信息与导航服务、紧急帮助、跟踪服务、网络相关服务等，这将是通信业的一次飞跃。

6.5.1　北斗导航系统在户外运动中的应用

中国北斗户外运动信息系统为"驴友"提供管理、服务、紧急救援、报平安、加强团队互助、风险提示、电子围栏预警以及户外活动成果分享的平台通道。一端连接"驴友"，另一端连接企业、协会、政府及民间救援机构，中间连接户外运动的家人和好友等人员。相关机构以及"驴友"的家人和好友通过 Internet 或移动网与平台连接。通过平台架起"驴友"与救援、友人之间的信息交互和分享桥梁。这是一个架构在由卫星通信、互联网、移动网三网一体的中国北斗户外运动信息服务平台，这个平台的核心是基于 2D\3D 电子地图与卫星遥感影像融合的地理信息系统，显示和追踪拥有北斗户外终端的户外运动者开机状态下所处位置以及紧急救援时的实时位置；记录、显示并允许特定注册用户访问户外运动者的通信记录，轨迹路线回放；建立户外运动者与其家人和好友之间的短报文通信；能够提供户外活动者与生命支持有关的生理体征信息、自然环境地理信息服务、导航服务、安全预警及风险提示服务。北斗户外运营服务体系的建立，将促进户外监管、信息服务以及救援信息转发等服务，有利于户外安全次序的有序发展，符合户外爱好者的实际需要。目前在户外应用领域里还没有一套完善的户外运动服务系统及产品存在，中国北斗户外运动信息系统的建立将吸引更多的户外厂家及北斗产品应用开发厂家的加入参与信息系统及产品的开发、使用。北斗户外运动信息系统采用开放的平台架构，有利于户外行业北斗应用的标准建立，提升服务理念，促进北斗产业在户外应用发展，因此北斗户外运动信息系统将有很好的发展。

6.5.2 汽车导航系统

1. 汽车导航系统原理

汽车导航系统中，GPS信号接收器接收卫星发送的信号，卫星信号计算出面接收机当前位置。面接收机同时收到4颗以上卫星信号，就能利用卫星精确位置及发送信号时刻，计算当前点位置。通过汽车导航系统车轮传感器、磁传感器和偏航传感器等三种传感器获取数据，确定汽车速度和位置。车轮传感器记录车轮速度，产生脉冲信号用于定时计算行驶距离和方向变化。磁传感器励磁绕组感应出电压脉冲，测量出沿途磁场水平分量大小并与起始点磁场比较，为车载电脑提供补偿数据。电子图存储容量能够存储汽车运行区域所有数据，车载电脑与存储道路网络数据不断比较判断，更正定位误差，确定最佳行驶路径。目前先进汽车导航系统多用单片机结构和嵌入式操作系统，软件代码存储于ROM中，代码简洁，运行可靠，启动及关闭迅速，具有几乎完整ＰＣ组件和输入输出端口，适应汽车恶劣工作环境，高温或低温以及剧烈振动环境下工作可靠性高。

2 汽车导航仪的核心功能

（1）地图查询硬件是基础，软件是灵魂，GPS 导航仪的"灵魂"包括两个方面——软件引擎和地图数据，这两者是导航仪能否把你带到目的地的关键所在。电子导航地图是 GPS 导航仪赖以工作的另一个重要组件，电子导航地图的正确与否就直接决定了车主能否更快捷、更轻松地到达目的地。在当前的市场上，不论是国产还是完全进口，车载 GPS 产品内置的地图无非都是国内仅有的几个图商的资源，量也是参差不齐。一般来说，正规品牌的 GPS 导航仪都会提供一年的免费更新，或者按次数计算，支持 2 次左右的免费更新服务。而在此之后更新地图就需要缴纳一定费用，一般来说 GPS 图商的地图更新维持在半年一次的水平，也有一些厂商每三个月更新一次数据，更新一次的费用在两百元左右。

（2）路线规划作为导航产品，消费者最关心的当属它的收星能力，即信号接收能力。目前市场上销售的车载 GPS 大多数都会采用 SiRFStarIII 第三代芯片，这类芯片的优势是在有遮挡和天气情况恶劣的情况下可以捕捉和跟踪信号、减轻高楼林立带来的信号干扰。此外，芯片的好坏还直接关系到路径计算的速度和准确度。去同一个目的地，芯片的不同可能会出现不同的路线，而我们需要的是最佳路线。购买大品牌的产品不仅本身质量有保证，同时也可以享受一定年限的免费升级服务。选品牌其实也是在选售后，对于 GPS 导航产品来说，后续的服务问题更为重要，因为地图是在实时更新的。不同的厂商，获取地图数据的来源不同，免费的更新方式也有多种多样。购买时做好了解，可以避免使用后出现一些不必要的麻烦。此外，开机速度和反应速度都是重要参数，由于开车时要时刻注意安全并且汽车在高速行进中，因此速度快可以提升车辆导航的精确度，同时也可以节约使用者的操作时间，省时更省心。

汽车自动导航系统作用是利用 GPS 接收机提供的车辆当前位置和用户输入的车辆目的地，参照电子图计算行驶路线，并在行驶中将信息提供给驾车者。目前世界上应用较多是自主导航，其主要特征是每套车载导航设备都自带电子图，定位和导航功能全部由车载设备完成。它工作过程主要步骤：① 输入数据信息。出发前，车主将目输入到导航设备中，在系统显示电子图上直接点击选取点，借助某种输入方法，将目名称输入到系统中。输入设备不同，可以有不同的输入方法，依靠按键或触摸屏可以实现几乎所有操纵功能。② 显示电子图。汽车导航系统中至关重要一部分是存储光盘或内置存储器（如硬盘）中的电子地图，电子图中存储了一定范围内的道路和交通管制信息，与点对应存储了相关经纬度信息。汽车导航主机从 GPS 接收机到计算确定当前点经纬度，与电子图数据对比，就可以随时确定车辆当前所在点。一般汽车导航系统将车辆当前位置默认为出发点，用户输入了目之后，导航系统电子地图上存储信息，就可以自动计算出一条最合适推荐路线。有些系统中，用户还可以指定途中希望途经点，指定一定路线选择规则（如不允许高速公路、行驶路线最短原则等）。推荐路线将以醒目方式显示在屏幕上的电子地图中，同时屏幕上也时刻显示出车辆当前位置，以供参考。行驶过程中车辆偏离了推荐路线，系统会自动删除原有路线并以车辆当前点为出发点重新计算路线,并将修正后路线作为新推荐路线。③ 汽车自动导航系统输出设备包括显示屏幕和语音输出设备。显示屏幕一般是 100~150 毫米(4~6 英寸)的液晶显示屏,需要手写识别作为输入,显示屏表面还有一张透明触摸屏作保护)。其屏幕由几十万个点阵组成,全屏幕有 30 多万个像素,常用分辨率有 640×480 或 774×435,可以支持高清晰度图像和 DVD 播放功能。主要显示内容包括:图(包括相应道路名称、公路编号、重要点名称等)、车辆当前位置、推荐路线等,根据用户设定还可以显示附近维修站、加油站、停车场及其他公共服务单位名称及地理位置等信息,以方便用户需要。④ 汽车导航系统操作简便性是设计者追求目标,实际上这也涉及一个安全问题,驾车者不允许开车看电子图,设计都考虑针对汽车导航系统应用需求开发语音及语音识别技术,使用者语音代替按键操作发出指令,使导航系统完成相应工作,导航系统语音代替图像文字,向驾车者发出信号或指令。例如丰田威驰导航系统就是一种带有语音技术的导航系统,转弯路口等可以用语音提示。电子图汽车导航系统推广与应用关键是电子图。用户购买装备有导航系统车辆时,还能到一张刻录了电子地图的 CD-ROM 光盘。用户开启车辆导航系统之后,必须把这张 CD-ROM 插入导航设备光盘驱动器中,系统需要道路信息时都会到 CD-ROM 上去获取。例如丰田威驰 DVD 导航系统就是这样,它副驾驶座下面有一个 DVD 驱动器,专门读取电子图 DVD 光盘。城乡建设及道路变化,电子图光盘也会定期更换。针对这种情况,汽车导航系统又需要增加一定辅助支援系统。目前应用汽车导航系统比较广泛区

（例如欧美和日本），汽车公司或其他商业公司建立呼叫中心或公共交通信息电台，GSM 移动通信形式发短消息或电台发送最新交通信息提供给汽车上导航设备，可以对汽车上电子地图信息随时进行修正。

6.6 测 绘

全球定位系统还可用于绘图、地籍测量、地球板块测量、火山活动监测、GIS 领域、大桥监测、水坝监测、滑坡监测、大型建筑物监测等。这种测量技术的实时动态化（RTK）可以用于海洋河道公路测量，以及矿山、大型工程建设工地等作为自动化管理和机械控制。

6.6.1 北斗卫星导航系统在测绘中的应用

北斗卫星导航系统（COMPASS）提供两种服务方式，即开放服务和授权服务。开放服务是在服务区免费提供定位、测速和授时服务，定位精度为 10 m，授时精度为 50ns，测速精度 0.2 m/s。授权服务是向授权用户提供更安全的定位、测速、授时和通信服务以及系统完好性信息。由于自主研发、拥有独立知识产权，北斗导航系统用于工程测量中，不但会受到他国人为技术性干扰，更为测量成果的保密性和安全性提供保障。

目前已经有基于北斗卫星的伪卫星定位系统及其测量方法，系统通过伪卫星主站与北斗卫星高精确时间同步，从而修正伪卫星从站的钟差，用户机不仅可以在中国北斗系统中实现主动定位，而且可以接收伪卫星信号构成多星定位。

北斗卫星导航系统将广泛用于中小比例尺测绘，静、动态测量数据采集，非高精度工程放样，水文地质测绘，矿山变形观测，灾后全天候测绘等几乎涵盖所有范畴的测绘工程。

以陵水县国营岭门农场 1∶1 000 比例尺地形测量项目为例，针对测区内具体情况，采用 RTK 升级三星系统新仪器进行测量。

岭门农场测区属于丘陵地区，测区内植被以槟榔和橡胶为主，部分为丢荒作物园地。因为作业时间是 5 月份，植被枝叶茂密，隐蔽度大，使用 RTK 作业受影响太大。

项目采用海南平面坐标系，国家 85 高程基准。作业过程中，测区内的林地因为 RTK 周边信号弱、采集数据慢、接收精度低，故利用三星系统新技术直接施测，直接获取海南平面坐标系和 85 高程成果。测区采用这种方法，在一些低洼地、橡胶园地、山谷等信号较弱地带，基本都能收到固定解，接受精度都能达到测量要求标准。按此方法对 90%测区面积进行了观测，其他 10%由于信号强度确实达不到测绘要求，结合了全站仪进行观测。

6.6.2 GPS 技术在公路测量中的应用前景

目前公路勘测中虽已采用电子全站仪等先进仪器设备，但常规测量方法受横向通视和作业条件的限制。利用 GPS 测量能克服上述列举的缺陷，并提高作业的效率，减轻劳动程度，保证了各级公路测试。相对于以往测量来说，GPS 测量主要有以下特点：① 测站之间无需通视。测站间相互通视一直是测量学的难题。GPS 这一特点，使得选点更加灵活方便。② 定位精度高。一般双频 GPS 接收机基线解精度为 5 mm+1 ppm（1 ppm=10^{-6}），而红外仪标称精度为 5 mm+5 ppm（1 ppm=10^{-6}），GPS 测量精度与红外仪相当，但随着距离的增长，GPS 测量优越性愈加突出。③ 观测时间短。在小于 20 km 的短基线上，快速相对定位一般只需 5 min 观测时间即可。④ 提供三维坐标。GPS 测量在精确测定观测站平面位置的同时，可精确测定观测站的高程。⑤ 操作简便。GPS 测量的自动化程度很高，在观测中测量员的主要任务是安装并开关仪器、量取仪器高和监视仪器的工作状态，而其他观测工作如卫星的捕获、跟踪观测等均由仪器自动完成。公路测量的技术潜力蕴于 RTK（实时动态定位）技术的应用之中，RTK 技术在公路工程中的应用，有着非常广阔的前景。RTK 技术是以载波相位观测值为根据的实时差分 GPS（RTK）技术，它是 GPS 测量技术发展的一个新突破，在公路工程中有广阔的应用前景。众所周知，无论静态定位，还是动态定位等定位模式，由于数据处理滞后，所以无法实时解算出定位结果，也无法对观测数据进行检核，这就难以保证观测数据的质量。在实际工作中经常需要返工来重测由于粗差造成的不合格观测成果。解决这一问题的主要方法就是延长观测时间来保证测量数据的可靠性，这样一来就降低了 GPS 测量的工作效率。实时动态定位（RTK）系统由基准站和流动站组成，建立无线数据通信是实时动态测量的保证。实时动态（RTK）定位有静态定位和动态定位两种测量模式，两种定位模式相结合，在公路工程中的应用可以覆盖公路勘测、施工放样、监理和 GIS（地理信息系统）前段数据采集。

最新的 RTK 技术在公路测设中具备以下几个功能和作用：① 绘制大比例尺地形图。高等级公路选线多是在大比例尺（1∶1 000 或 1∶2 000）带状地形图上进行的。用传统方法测图，先要建立控制点，然后进行碎部测量，绘制成大比例尺地形图。这种方法工作量大，速度慢，花费时间长。用实时 GPS 动态测量可以完全克服这个缺点，只需在沿线每个碎部点上停留一两分钟，即可获得每点的坐标、高程。结合输入的点特征编码及属性信息，构成带状所有碎部点的数据，在室内即可用绘图软件成图。由于只需要采集碎部点的坐标和输入其属性信息，而且采集速度快，因此大大降低了测图难度，既省时又省力，非常实用。② 道路中线放样。设计人员在大比例尺带状地形图上定线后，需将公路中线在地面上标定出来。采用实时 GPS 测量，只需将中桩点坐标输入到 GPS 电子手簿中，系统软件就会自动定出放样点的点位。由于每个点的测量都是独立完成的，不会产生累计误差，各点放样精度趋于一致。③ 道路的横、纵断面放样和土石方量计算。纵断面放样时，先把需要放样的数据输入到电子手簿中，生成一个施工测设放样点文件，并储存起来，随时可以到现场放样测设；横断面放样时，先确定出横断面形式（填、挖、半填半挖），然后把横断面设计数据输入到电子手簿中如边坡坡度、路肩宽度、路幅宽度、超高、加宽、设计高），生成一个施工测设放样点文件，储存起来，并随时可以到现场放样测设。同时软件可以自动与地面线衔接行"戴帽"工作，并利用"断面法"进行土方量计算。通过绘图软件，可绘出沿线的纵断面和各点的横断面图来。因为所用数据都是测绘地形图时采集而来的，不需要到现场进行纵、横断面测量，大大减少了外业工作。而且必要时，可用动态GPS到现场检测复合，这与传统方法相比，既经济又实用。

6.7 授　时

GPS设备还用于作为时间同步装置，特别是作为交易处理定时（如在ATM机中）和通信网络中应用。

DNTS-8是采用中国的北斗导航系统进行高精度授时，包括两种方式，有源和无源。无源方式其原理类似于GPS授时，是一种双向时差传递；而有源方式类似广播授时。

GPS的星座由24颗卫星组成，不同的卫星分配不同的伪随机码进行区别，卫星上一般都配有3~4台的原子钟以进行时间保持，同时地面上的主控站还会将修正数据（包括卫星轨道，时间修正等）不定期发给卫星，以使24颗卫星之间保持时间同步。由于GPS的星座经过精心设计，地球上绝大多数地方都可以同时看到最少4颗卫星。同时用户接收机有4个未知数（经度，纬度，高度，本地时间），通过解一个四元二次方程组即可求出接收机的坐标和时间，这样就完成了一次定位和授时。

6.8 车辆监控管理

GPS 设备还用作车辆监控管理，比如交通运输重点运输监控管理、公路基础设施、港口高精度实施定位调度监控、汽车导航与信息服务等。

车辆卫星定位监控系统采用了世界领先的 GPS 全球卫星定位技术、GPRS/GSM 全球移动通信技术、GIS 地理信息处理技术、大容量数据采集技术和大容量数据存储等计算机网络通信与数据处理技术，同时尽可能多地采集并记录车辆行驶过程中大量的数据信息，自动生成图形和数据，进行统计、比较、分析、列表，从而提高车辆营运管理工作的效率。能够实现对车、船等移动目标的精确定位、跟踪及控制，具有定位精度高、稳定性强、使用效果好的特点。

卫星定位监控系统的基本用途有：车辆实时定位、车辆监控控制、车辆调度管理、车辆报警处置、网上查车服务、短信语音通信。适用于城市、地区以及全国联网使用，适用于政府、集团、企事业单位以至私家车辆用户使用。它能监控车辆违章行驶、提高车辆营运效率，增加车辆营运经济效益，促进我国车辆管理现代化、信息化、智能化建设。

卫星定位监控系统的服务对象可为：物流运输车辆、公交车辆、出租车辆、公安车辆、消防车辆、急救车辆、边防车辆、应急指挥车辆、贵宾车队、私家车辆等。卫星定位监控系统可为不同用户、不同用途的车辆提供不同的特殊使用功能。

GPS 车辆监控系统由三部分组成，即：定位部分、通信部分和监控部分。定位部分主要用来确定移动目标的位置，通信部分作为用户和监控中心沟通的媒介，而监控部分则为用户提供完善的服务。

系统的工作原理是：安装在车辆上的 GPS 接收机根据收到的卫星信息计算出车辆的当前位置，通信控制器从 GPS 接收机输出的信号中提取所需要的位置、速度和时间信息，结合车辆身份等信息形成数据包，然后通过无线信道放监控中心。监控中心的主站接受子站发送的数据，并从中提取出定位信息，根据车辆的车号和组号等，在监控中心的电子地图上显示出来。同时，控制中心的系统管理员可以查询车辆的运行状况，根据车流量合理调度车辆。

GPS 设备在车辆上的应用，极大地方便了运输企业对乘客及货物信息的收集和传递，实现了企业内部的信息网络化，通信技术和计算机技术、图形图像技术的结合，实现了对车辆和货物有效地跟踪，变静态调度为实时动态调度，使运输过程透明化，提高了企业的信息化水平。

通过安装在车辆上的 GPS 设备，可从本质上解决"运力配备最少、车辆运行距离最短、驾驶员作业时间最少"这三大难题。通过对在线车辆的实时监控和调度，保证了车辆运行计划的有效实施。通过 GPS 设备将车辆运行的状态、位置信息和道路信息实时上传到调度中心，调度监控平台可以根据这些信息，规划出最佳行驶路径，通过无线通信网络下发到 GPS 设备上，从而减少了车辆运行时间和司机作业时间，降低车辆运输费用和人力成本。

据报告显示，我国车辆运营的空载率约 45%左右，车辆的空载率大大增加了运输企业的成本。以往企业为节省眼前的成本而忽略了车辆实时调度监控系统的应用，于是在运输过程中企业无法准确知道车辆的具体位置，不能为其组织货源和灵活配货，造成车辆在回程时的空载，既增加了车辆空载所产生的成本，还造成了巨大的仓储成本。通过 GPS 系统，可以实时掌握车辆的基本信息，有效地避免车辆的空载现象，减少车辆的空载率，提高车辆的利用率，实现货物动态配送，减少仓储空间、时间，加快货物和商品的流通速度，一方面降低了运输成本，同时也降低了企业的仓储成本。

要提高运输企业的服务质量，就要提高服务的及时性和服务的优质度。运输企业的优质服务除费用低廉外，还要在运输过程中无缺货、无损伤和无丢失现象，RFID 和 GPS 技术在运输过程中的应用可以有效地解决货物丢失的问题。通过车辆上安装的 RFID 和 GPS 设备，可实时上传电子封条的状态信息至调度监控中心。一旦出现电子封条非法开启，GPS 设备将主动发出报警信息至监控中心，确保了货物的安全，一旦司机在驾驶过程遇到意外情况，可实时与调度中心联系，确保了司机的安全。只有司机和货物都安全及时到达，整个运输过程就是高质量的过程，运输企业对客户的服务也是高质量的服务。

通过 GPS 设备，可实时监控行驶的车辆，当车辆未按规定的路线行驶、超速或出现其他违规情况时，设备可随时提醒司机安全驾驶，注意行车安全，保证了乘客的安全，规范了交通秩序，促进了道路交通的安全运行。

利用全球卫星定位技术、地理信息系统、无线通信网络技术，构建道路运输车辆卫星定位系统，以实现车辆事故应急处理、安全防范、追踪、调度、管理等功能已是大势所趋，是加强道路运输安全管理，实时监控运输车辆驾驶人超速行驶、疲劳驾驶等违法行为，有效遏制重特大事故、实现道路运输科学发展、安全发展的有效手段。随着国家法律、法规越来越明确，营运车辆安装卫星定位监控系统逐步成为一种刚性需求。

参考文献

[1] 王广运，郭秉义，李洪广. 差分 GPS 定位技术与应用[M]. 北京：电子工业出版社，1996.

[2] 杨在金. 航海仪器[M]. 大连：大连海事大学出版社，2001.

[3] Elliott D Kaplan. GPS 原理与应用[M]. 邱致和，王万义，译. 北京：电子工业出版社，2002.

[4] 鄢天金. GPS 卫导仪[M]. 大连：大连海事大学出版社，1994.

[5] 洪大永. GPS 全球定位系统技术及其应用[M]. 北京：海潮出版社，1994.

[6] 钱天爵，翟学林. GPS 全球定位系统[M]. 北京：海军出版社，1989.

[7] 许其凤. GPS 卫星导航与精密定位[M]. 北京：解放军出版社，1989.

[8] 王广存，衷爱东，王立恕，等. GPS 导航仪安装使用手册[M]. 北京：人民交通出版社，1993.

[9] 徐荣，陈晓明. TD-SCDMA 系统 GPS 替代解决研究[J]. 电信工程技术与标准化，2009（9）：16-21.

[10] 宋丹丹，肖创柏. 基于 SUPL 的 A-GPS 移动定位系统的研究与设计[C]//2007 通信理论与技术发展—第十二届全国青年通信学术会议论文集（上册）. 2007.

[11] 宋箐. TD-SCDMA 在智能交通系统中的应用研究[D]. 西安：西安电子科技大学，2007.

[12] 中国美国商会.《2011 年美国企业在中国》白皮书——对民用航空领域的现状分析与建议[J]. 中国民用航空，2011（5）：26-29.

[13] 中国美国商会.《2010 年美国企业在中国》白皮书——对民用航空领域的现状分析与建议[J]. 中国民用航空. 2010（5）：27-30.

[14] 虞进. 浅谈航空公司的人力资源开发战略[J]. 江苏航空. 2009（1）：28-29.

[15] 桂志仁. 历史的缩影图说航空史精彩瞬间(十五)[J]. 航空世界，2014（4）：77.

[16] 宇超群，王同合，陈杰，等. 嵌入式 GIS 在卫星导航系统中的应用[J]. 科技信息，2012（7）：143-144.

[17] 马兰，孔毅，郭思海，等. 世界几大卫星导航系统的比较[J]. 现代测绘，2011（3）：3-6.

[18] 孙彬，王锐，赵立丹. 我国卫星导航系统及其产业发展[J]. 河南科技，2010（18）：58-58.

[19] 朱筱虹，徐瑞，赵金贤，等. 卫星导航系统标准现状分析[J]. 无线电工程，2010，40（12）：35-38，45.

[20] 刘根友，郝晓光，陈晓峰，等. 对我国二代卫星导航系统覆盖范围向北扩展星座方案的探讨[J]. 大地测量与地球动力学，2007，27(5)：115-118.

[21] 闻新，张伟，任传祥. 卫星导航系统在智能交通系统中的应用现状分析[J]. 中国航天，2003(2)：7-10.

[22] 杨元喜. 国际卫星导航系统的发展及其对我国导航事业的影响[J]. 测绘通报，1999(9)：2-5.

[23] 吴中一. 卫星导航系统[J],遥测遥控,1989(2):51-55.

[24] 《卫星导航系统概论》内容简介[J]. 测绘通报, 2016(8): 134-134.

[25] 朱筱虹, 李喜来, 杨元喜. 从国际卫星导航系统发展谈加速中国北斗卫星导航系统建设[J]. 测绘通报, 2011(8): 1-4.

[26] 李季. 地质勘探事故统计分析及对策研究[J]. 中国安全生产科学技术, 2011（3）: 83-86.

[27] 陈磊, 梁强. GPS原理及应用简介[J]. 科技信息（学术研究）, 2008（22）: 188-190.

[28] 王青, 吴一红. 北斗系统在基于位置服务中的应用[J]. 卫星与网络, 2010（4）: 40-41.

[29] 陈俊, 张雷, 王远飞. 基于北斗和GPS的森林防火人员调度指挥系统[J]. 软件, 2012（2）: 27-30.

[30] 李艳. 基于地图API的Web地图服务及应用研究[J]. 地理信息世界, 2010, 04（2）: 54-57.

[31] 赵国栋. 有"中国特色"的GPS系统——"北斗"卫星系统的战略应用[J]. 国际展望, 2004(8): 32-35.

[32] 段方, 刘建业, 林雪原. 罗兰C辅助北斗双星对同温层气球的定位研究[J]. 应用科学学报, 2005, 23（1）: 1-5.

[33] 徐绍铨, 张华海. GPS测量原理及其应用[M]. 武汉: 武汉大学出版社, 2003.

[34] 交通部第一公路勘察设计院. 公路全球定位系统(GPS)测量规范[S]. 北京: 人民交通出版社, 1999.

[35] 孔祥元，梅是义. 控制测量学[M]. 武汉：武汉测绘科技大学出版社，1996.

[36] 肖永清. 汽车的发展与未来[M]. 北京：化学工业出版社，2004：294-297.

[37] 毛峰. 汽车车身电控技术[M]. 北京：机械工业出版社，2004.

[38] 李春声. 现代汽车技术[M]. 北京：人民交通出版社，2002.

[39] 李天文. GPS 原理及应用[M]. 北京：科学出版社，2003.

[40] 袁建平，罗建军，越小奎，等. 卫星导航原理与应用[M]. 北京：中国宇航出版社，2003.

[41] 王惠南. GPS 导航原理与应用[M]. 北京：科学出版社，2003.

[42] 刘基余. GPS 卫星导航定位原理与方法[M]. 北京：科学出版社，2003.

[43] 胡友健.全球定位系统（GPS）原理与应用[M]. 武汉：中国地质大学出版社，2003.

[44] 徐绍铨.GPS 测量原理及应用（增订版）[M]. 武汉：武汉测绘科技大学出版社，2003.

[45] 多维通信公司. SkyFrame 卫星帧中继综合业务网络[S]. 1999.

[46] 黄庚年，武法正，李巧云，等. 通信系统原理[M]. 北京：北京邮电学院出版社，1991.

[47] 李均阁. 雷达技术发展综述及多功能相控阵雷达未来趋势[J]. 甘肃科技，2012，28(18)：19-22.

[48] 赵朋亮,甘怀锦,行正世. 舰载雷达技术发展探讨[J]. 科技信息，2010，2(17)：611，643.

[49] 陶顺龙. 雷达技术发展动态[J]. 现代雷达，1993，15(4)：1-9.